— 46亿岁的地球 —

巨龙称霸的中生代

冯伟民 / 著

时代出版传媒股份有限公司
安徽少年儿童出版社

图书在版编目（CIP）数据

46亿岁的地球. 巨龙称霸的中生代 / 冯伟民著.
合肥 : 安徽少年儿童出版社, 2025. 1. -- ISBN 978-7
-5707-2397-3

Ⅰ. P-49；Q915.864-49
中国国家版本馆CIP数据核字第20245RE347号

46 YI SUI DE DIQIU JULONG CHENGBA DE ZHONGSHENGDAI

46亿岁的地球·巨龙称霸的中生代　　　　　　　　　　　　　冯伟民 / 著

出 版 人：李玲玲　　　　　策划编辑：方　军　　　　　责任编辑：方　军
插图绘制：一超惊人　　　　责任校对：冯劲松　　　　　责任印制：朱一之
出版发行：安徽少年儿童出版社　E-mail：ahse1984@163.com
　　　　　新浪官方微博：http://weibo.com/ahsecbs
　　　　　（安徽省合肥市翡翠路1118号出版传媒广场　　邮政编码：230071）
　　　　　出版部电话：（0551）63533536（办公室）　　63533533（传真）
　　　　　（如发现印装质量问题，影响阅读，请与本社出版部联系调换）
印　　制：安徽新华印刷股份有限公司
开　　本：710 mm × 1000 mm　　　1/16　　　印张：7.5　　　字数：80千字
版　　次：2025年1月第1版　　　　　　　　　2025年1月第1次印刷

ISBN 978-7-5707-2397-3　　　　　　　　　　　　　　　定价：30.00元

目录

1 中生代地球演变

　　中生代（距今 2.52 亿 — 6600 万年）是显生宙第二个重要时期。刚进入中生代，地球自然环境还十分恶劣，仍然处于二叠纪末生物大灭绝导致的荒凉状态，在经历了大约 500 万年的漫长复苏期，自然环境才变得有利于生物的快速演化，生物界开始焕发出勃勃生机。

<<<<<

板块运动与火山喷发

>>>>>

中生代是地球板块运动比较活跃的时期，从晚古生代延续而来的盘古泛大陆最终解体，四分五裂的海陆分布极大地加速了地球在形态、气候、生物等各方面的演化。

▶ 板块运动

三叠纪是中生代的第一个地质时代。此时，地球上的大陆分布延续着晚古生代的大陆格局，仍是一个统一的超级古大陆——盘古泛大陆。

盘古泛大陆从南半球一直延伸到北半球，由南北两大板块构成，并向东伸展。在盘古泛大陆的中心地带，有一个巨大的古海洋——特提斯海，它就是今天地中海的前身。除盘古泛大陆和特提斯海外，地球的其他区域则被辽阔的泛大洋所覆盖，面积几乎相当于现在太平洋面积的两倍。

我们从地图上看，会发现海洋将盘古泛大陆的一些区域隔开了。但是通过对全世界的动植物化石进行研究，科

学家发现那个时代的生物在地球表面的迁徙并未受到这些阻隔的影响，那是一个陆地上可以自由迁徙的时代！

三叠纪末，盘古泛大陆开始逐渐分裂。在1.8亿年前，北半球的超级大陆受到地幔岩浆活动和大陆板块漂移的影响，北美洲东部与非洲西北部开始分离，从而导致了大西洋的形成。从侏罗纪晚期到白垩纪，南半球超级大陆的内部也发生了分裂；南美洲、非洲、南极洲等大陆板块各自分离出来，在这些板块之间的是太平洋、大西洋、印度洋等。到白垩纪末，绝大多数陆地已基本彼此分离，现代大陆和海洋的分布雏形初步形成。

▶ 火山喷发

中生代，随着盘古泛大陆的逐渐解体，加速了大陆板块的漂移。大西洋在扩张的过程中，发生了剧烈的火山喷发。大规模的火山喷发引起了一系列的异常变化，比如臭氧层被破坏、温度异常升高。

此外，大洋与大陆板块的接触带上也发生了俯冲和挤压作用，从而导致地震频繁发生和火山剧烈喷发，这使得地壳发生了变形，陆地大幅度抬升，形成许多高耸的山脉和复杂多样的地形地貌。

由于大西洋形成过程中，大洋洋脊火山大规模喷发以及环太平洋海底岩浆剧烈喷发，使得大气中二氧化碳浓度急剧上升。据科学家测算，当时大气中二氧化碳的浓度是当今大气中二氧化碳浓度的4~8倍。如此强烈的温室效应使得当时的地球温度比现在的温度平均高6℃，从而导致当时地球两极的冰川快速消融。

　　在侏罗纪和白垩纪，我国发生了著名的燕山运动。这次地壳活动较为强烈，形成了许多褶皱断裂山地和大量小型断陷盆地。我国的华南地块与华北地块也因此连在了一起，从此告别海洋环境，成为中国大陆的一部分。

小词典

燕山运动

　　燕山运动是侏罗纪到白垩纪时期中国广泛发生的地壳运动。我国许多地区的地壳因为受到强有力的挤压，褶皱隆起，成为绵亘的山脉；而北京附近的燕山是典型的代表，因此科学家便以燕山命名了此次地壳运动。

燕山

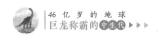

<<<<<

海洋变迁

>>>>>

中生代，海洋中发生了许多重要的事件，如大西洋开始形成、特提斯海变小、海平面多次大幅度上升又多次大幅度下降等。这些事件导致海洋环流、地球气候发生剧烈变化，深刻影响了生物的分布和迁徙。

▶ 大西洋形成

大西洋形成的历史要追溯到侏罗纪早期。此时，北美洲东部与非洲西北部开始分离，使得大西洋中段首先形成；到1.35亿年前的侏罗纪晚期，北大西洋向北延伸扩展到格陵兰岛的西部。而在南半球，直到1.2亿年前，板块才开始分离，南美洲与非洲发生分裂，使得南大西洋发展成为一个完整的大洋。随后北大西洋继续向北延伸，使得格陵兰岛与欧洲分离，最终形成与北冰洋相通的"S"形大西洋。

小 词 典

格陵兰岛

格陵兰岛位于北美洲与欧洲的交界处，是世界上最大的岛屿。格陵兰岛的西部与加拿大隔海峡相望，北部濒临北冰洋，南部濒临大西洋，东部通过丹麦海峡与欧洲的冰岛隔海相望。

　　大西洋的形成是中生代海陆分布发生巨变的重大事件，是中生代从统一的超级大陆演变成离散大陆的标志。正是大西洋的形成，引发了一系列影响深远的海陆板块的漂移，最终导致了当今世界海陆分布格局的形成。

▶ 海平面升降

　　三叠纪早期，全球海平面相对较低；之后到侏罗纪，海平面开始缓慢地上升，这可能是因为全球变暖、大规模的火山活动或板块运动造成了一些浅海区域抬升。

　　白垩纪初期，冈瓦纳大陆仍未分裂。不过随后南美洲、南极洲、澳大利亚等大陆板块就相继脱离了非洲板块，但印度板块和马达加斯加岛还与非洲板块连在一起，而南大西洋与印度洋也相继开始出现。这些板块运动引发了有史以来规模最大、烈度最强的岩浆喷发，导致地球面积的千分之四被岩浆所覆盖，同时形成了一系列海底高原，这也就造成了全球海平面上升。据科学家研究，当时的海平面比现在的海平面平均高 200 米，而在海平面达到最高时，当时地表上有三分之一的陆地都被海洋所淹没。

　　到白垩纪末期，全球又多次出现了海平面升降。法国古生物学家经过大量研究，发现白垩纪地球气候变化剧烈。因此他们认为，白垩纪末期全球海平面开始下降，海水从欧洲大部分地区退去，整整退了几千千米；此外，整个北非、

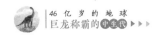

撒哈拉大沙漠、中东和南美洲西部等地区也发生了大规模的海退事件。这导致了大陆性气候的形成，温度变高，气候炎热，植物因而开始大量死亡，极大地影响了恐龙的生存环境。

<<<<<

气候变化

>>>>>

中生代总体上处于温暖的气候状态，只有热带、亚热带和温带的气候差异。

在三叠纪盘古泛大陆还没有解体的时候，地球的赤道从盘古泛大陆的中部穿过，使得陆地上的大部分地区都受到了太阳光的直射，因而当时的气候比现在炎热得多，盘古泛大陆的中部也因此有了大片的沙漠。那时即便在地球的北极和南极都不会感觉到冷，因为两极地区几乎没有冰盖。另外，在环绕大陆的濒海地区，气候湿润，水汽充足，植物生长得异常茂盛。

三叠纪刚开始，气候还处于半干热的状态，之后向温暖湿润的方向转变，这对植物的生长非常有利。特别是在大陆的边缘地区，因为季风盛

小词典

季风

由于陆地和海洋在一年中增温和降温的程度不同，于是在陆地和海洋之间便形成了大范围的、风向随季节有规律改变的风。这就是季风。

大片的沙漠

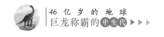
行，雨水显著增多，植被季节性地繁茂起来了。而无法被海洋水汽影响的大陆腹地，仍处于干旱的气候环境，大片的沙漠依然存在。当时的沙漠规模之大，远远超过了现在陆地上的沙漠规模。

到了侏罗纪，大陆开始分裂，地球气候向着温暖湿润的方向进一步发展。裸子植物遍及各大陆，郁郁葱葱的森林植被营造了适宜的生存环境，提供了丰富的食物，恐龙因此获得了极大的发展。而到了侏罗纪晚期，气候则慢慢开始变得寒冷起来。

随着各大陆板块进一步四散漂移，其所处的纬度带也发生了变化。因此到白垩纪，气候又发生了巨变，春夏秋冬四季变化越来越明显，自然环境也随之出现了很大的改善。

总体而言，中生代气候演变跨度较大，但变化较为平稳，仍然出现了一些重要的气候事件，对全球气候演变产生了深远的影响，并在很大程度上影响了生物的演化和物种的分布。

<<<<<

多样的生物

>>>>>

在三叠纪中晚期，恐龙诞生了。那时的盘古泛大陆格局和二叠纪末的格局基本相似，恐龙就是以这块超级大陆为舞台，拉开了称霸陆地的序幕。

▶ 艰难的复苏

三叠纪初，整个地球仍然处于一片荒凉。那时的气候与环境很不稳定，灾难频繁发生，生物的生存仍然非常艰难。那一时期最显著的生物特征是，在二叠纪末生物大灭绝事件中幸存下来的物种占据了绝对的主导地位，如双壳类克氏蛤突然开始繁盛，成为早三叠世最常见的物种。它们与其他的双壳类生物广泛出现在世界各地，给三叠纪萧条许久的海底世界带来了一丝生机。

在这之后，又过了很长一段时间，生物开始进入复苏期。在复苏期，不同的生物表现出了明显的复苏不同步现象。菊石因为新生率较高，很快就进入繁盛阶段；由海绵等后生动物构成的造礁生物，在二叠纪末生物大灭绝事件

发生后的短短 150 万年便已出现，它们是海底"生态工程师"，为海洋环境的修复起了很大作用；而以六射珊瑚为代表的新型造礁生物体系直到早侏罗世晚期才初步形成。

在我国云南发现的罗平生物群是二叠纪末生物大灭绝事件发生后，生物界重现辉煌景象的典型代表。该生物群距今约 2.44 亿年，是生物复苏、海洋生态系统恢复的一个缩影。该生物群中化石门类非常丰富，有大型的海生爬行类、鱼类等脊椎动物化石，也有节肢动物、软体动物、腕足动物、棘皮动物等无脊椎动物化石，此外还有古植物化石等。该生物群充分展示了一个多姿多彩的史前海洋生命世界。

▶ 多类动物出现

进入三叠纪，陆地上陆续出现了下孔类动物、镶嵌踝类动物和恐龙，它们形成了三足鼎立的生存局面。

此时，从二叠纪末生物大灭绝事件中幸存下来的下孔类动物面临着激烈的竞争。水龙兽就是二叠纪末生物大灭绝事件中幸存下来的下孔类动物之一，它全长约1米，曾广泛分布于非洲、亚洲、欧洲和南极洲等地。但到了三叠纪晚期，下孔类动物在陆地生态系统中已沦为配角。伊斯基瓜拉斯托兽是另一种大型植食性下孔类动物。它身长约3米，拥有巨大的嘴，没有牙齿，会用嘴切断植物并吞食。在下孔类动物的前半部演化史中，伊斯基瓜拉斯托兽是最后的大型植食性动物。

镶嵌踝类动物拥有较强的代谢能力，因而能够活跃地四处行动。在三叠纪中期，镶嵌踝类动物成功替代下孔类动物，成为当时生态系统的主角。到三叠纪晚期，镶嵌踝类动物便处于当时食物链顶端的位置。它们体形庞大，身长可达5米，是鳄类祖先的近亲。

水龙兽

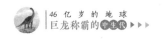

在三叠纪晚期，鳄的种类从原来的 30 多种增加到近 100 种。它们形态各异，有行动敏捷的灵鳄，有头部巨大、四肢垂直于地面的波斯特鳄，有全身长着甲片的角鳄等。其中，波斯特鳄是当时的顶级掠食者，是恐龙出现后最强劲的对手。

肯氏兽是三叠纪的明星动物，是一种大型陆地草食性动物，活跃在空旷的原野中。肯氏兽体长可达 3 米，重约 1 吨，其皮肤颜色为暗绿色，但由于其经常掘土，因此皮肤也会被染成土红色。肯氏兽最引人注意的是，它们嘴的两侧各有根长牙。肯氏兽的化石在中国、南非、阿根廷、印度等地都有发现，其中，中国的肯氏兽化石主要发现于新疆和山西。

在三叠纪，肯氏兽和波斯特鳄是当时大地的主宰；而稍晚出现的恐龙，还十分弱小，体长普遍不超过 1 米。例如刚刚出现的腔骨龙，只能在巨鳄的夹缝中求得一丝生存的机会。在此后很长一段时间内，恐龙在激烈的生存竞争中，只是体形数倍于它们的类似鳄鱼的祖龙的捕食对象。

就在生物界这三大物种彼此竞争的过程中，悄然发生了一件大事——哺乳动物诞生了。这些动物体形较小，形如现在的老鼠，习惯在夜间活动。它们在恐龙称霸陆地的情况下，也占据了一些不同的生态空间，默默繁衍生息并等待有朝一日咸鱼翻身，成为地球新霸主。

肯氏兽和几只恐龙

▶ 裸子植物兴起

虽然二叠纪末发生的生物大灭绝事件，导致绝大部分生物彻底从地球上消失，但是三叠纪仍然有大量从古生代便一直存在的植物，如特别适宜在潮湿环境下生长的木贼和石松，它们在三叠纪十分繁盛。

三叠纪的地理环境很特殊，超级大陆环抱特提斯海，如此广阔的超级大陆，使得植物能够广泛分布。三叠纪时期，气候开始由干热、半干热向温暖湿润的方向转变，大陆的边缘地区出现了雨季，植被常常季节性地繁茂起来。而在广阔的大陆腹地，那里气候十分干旱，主要生长着耐干旱的蕨类植物。

裸子植物是种子植物中的一种，进化出了球穗花。球穗花是单性花，既没有雌蕊也没有花瓣，不属于真正意义上的花。裸子植物依靠自然风将花粉带到远处，与同类的卵子结合形成种子，然后繁衍生长。这种具有强大竞争力的繁殖方式使得裸子植物迅速成为中生代的优势植物，也是三叠纪最常见的植物。除了原始的松柏类，裸子植物很快也演化出了红杉、南洋杉等，它们和其他的乔木一起形成了广阔的森林。而在这些森林的底部，还生存着一些低矮的蕨类植物，它们是当时地球上与草最相似的植物。

2 恐龙时代

　　在距今约 2.3 亿年的三叠纪，恐龙诞生了。恐龙在地球上生活了 1.6 亿多年，除三叠纪尚有其他古爬行动物能与其争锋，到侏罗纪和白垩纪，恐龙已经完全成了当时陆地动物界的主宰。

<<<<<

恐龙演化史

>>>>>

　　三叠纪，恐龙在地球形成超级大陆的背景下诞生了。在这之后，恐龙又伴随着地球大陆板块的分离而不断演化。

　　三叠纪初，随着地球生态环境的改善，生物界开始显得生机勃勃，爬行动物尤其展露出蓬勃的演化趋势。陆地上那些从二叠纪末幸存下来的动物，在三叠纪仍然十分活跃；此外，新物种也开始多样化出现，如各种爬行动物，有会跑的、会游泳的、会掘洞的，甚至还有会飞的等陆续出现。但是，随着三叠纪中晚期恐龙的诞生，生物界的演化发生了翻天覆地的变化。恐龙以自身的生物学优势和天时良机，迅速成为地球霸主，并占据生物链顶端达 1.6 亿年之久。

▶ 从"小个子"到"巨无霸"

　　像任何新物种刚出现在地球上那样，恐龙早期的体形并不庞大。在阿根廷三叠纪晚期的地层中，古生物学家发现的早期恐龙有 7 种，如始盗龙、始奔龙、板龙、腔骨

龙等。这些恐龙大部分体长只有 1 米左右，两足行走，长得非常相似。

始盗龙是古生物学家在 2003 年发现的恐龙，生活在距今约 2.3 亿年的阿根廷西北部。科学家推测，成年始盗龙体长只有 1 米，身高只到人类的膝盖。始盗龙是杂食性动物，它与埃雷拉龙被认为是早期恐龙的代表。

早期的恐龙只有大型犬那么大，在当时的生态系统中，恐龙还只是配角。但是作为新一代肉食性动物，恐龙四肢强健有力，在不断演化中，具备了利用后肢行走的能力。此外，它们身后的长尾巴具有保持身体平衡的功能，

始盗龙

能使它们短距离地快跑。恐龙正是凭借这些特点，此后迅速演化成为中生代陆地上的霸主。

其实，将早期恐龙和后来形态各异的恐龙联系到一起并不是一件容易的事情。科学家在仔细研究它们的身体构造后，清晰地辨识出了变化的趋势。例如：从牙齿特征看，始盗龙的牙齿形状兼具肉食性和植食性两种恐龙的特征，与阿根廷龙所属的蜥脚亚目恐龙相似，而始盗龙则属于原始的蜥脚亚目恐龙。此外，皮萨诺龙的牙齿为适应植食性而发生了特化，被认为是三角龙所属的鸟臀目恐龙中最原始的种类。由此可知，恐龙在地球上出现不久后，食性就已多元化，这为恐龙物种的多样化奠定了基础。像暴龙、阿根廷龙、三角龙等"明星恐龙"就是从这样细微的差异中逐渐演化而来的。

三叠纪晚期，恐龙家族出现了大型化的演化趋势，如植食性的莱森龙，身长可达

阿根廷龙

三角龙

10 米。但即使恐龙发生了这样的变化，它们仍未占据当时生态系统的统治地位。

直到三叠纪末，这种现状才突然被改变。被改变的原因很复杂，但三叠纪末发生了生物大灭绝事件，除鳄类以外，当时陆地上的其他霸主都灭绝了；而恐龙则乘势崛起，取而代之，成为陆地上独一无二的霸主。显然，这是一个至关重要的因素，其他霸主退出演化舞台，无疑为恐龙打开了繁盛之门，也为恐龙家族的宏体化和大型化创造了可能。

到侏罗纪，地球环境越来越有利于恐龙繁衍生息。此时，地球气候温暖潮湿，茂密的森林遍及世界各地，这也是地球历史上三大成煤期之一。裸子植物成为当时最具有优势的植被，苏铁、银杏等是植食性恐龙最喜欢的食物，而这些丰富的植物资源也养活了越来越多的恐龙。

从恐龙直立行走所产生的各种特征来看，它们的身体构造比当时其他生物更有优势。恐龙有类似鸟类的双重呼吸系统，能高效摄入氧气并将氧气传输到全身。这使得恐龙吃下的食物能得到很好的消化和吸收并维持较高的代谢速率，促进了恐龙向大型化方向演化。

与此同时，拥有能高效摄入氧气的气囊系统的蜥脚亚目恐龙，也成功地适应了三叠纪末的低氧环境。而随着侏罗纪氧气浓度上升，蜥脚亚目恐龙得以将氧气传输到全身，这有效地维持了其巨大的体形与高代谢率，也进一步加快了恐龙大型化的进程。

在三叠纪末生物大灭绝事件后，恐龙体形快速增大，地理分布范围迅速扩张。比如，兽脚亚目恐龙的体形比之前增大了近20%；蜥脚亚目恐龙在三叠纪晚期生活在中、高纬度地区，在三叠纪之后，其生活范围便扩散到了低纬度地区。另外，通过对现有恐龙足迹化石进行研究，古生物学家发现，侏罗纪早期的恐龙足迹明显大于三叠纪末的恐龙足迹，这也证明了侏罗纪的恐龙开始向大型化方向演化。

侏罗纪，早期植食性恐龙的大型化发展，让它们可以凭借体形上的巨大优势，震慑和摆脱肉食性恐龙的攻击。当时的植食性

苏铁

恐龙，其体长甚至可以超过 30 米。这些植食性恐龙的出现将恐龙的演化推向了高潮。与此同时，肉食性恐龙也变得更庞大、更有攻击性和威胁性，如北美洲的异特龙。此外，在小型兽脚亚目恐龙中还诞生了带羽毛的恐龙，如 1996 年，科学家在中国辽宁朝阳地区发现了第一种带羽毛的恐龙——中华龙鸟。此后，有越来越多的带羽毛的恐龙被科学家发现。这类特殊的恐龙，开辟了恐龙向鸟类演化的道路。在优越的生存环境下，侏罗纪晚期，恐龙便进入了全盛时期。

白垩纪，地球板块运动加剧，南半球冈瓦纳大陆更是变得四分五裂。在古地理面貌发生如此剧烈变动的背景下，恐龙也变得更为多样化。这期间不仅出现了像阿根廷龙这样的超级巨龙，更是出现了有史以来最凶猛的陆地霸主——霸王龙。在大大小小的肉食

霸王龙

性恐龙、拥有长脖子的植食性恐龙横行世界各地时，还出现了一批有盔甲的新恐龙类群，如甲龙、角龙等，它们也是遍及世界各地。

▶ 多样的中国恐龙

中国的恐龙化石十分丰富，除台湾、海南等少数几个地区以外，在全国的 27 个省、自治区和直辖市都发现有恐龙化石。中国发现的恐龙化石，不仅在数量上超过了英国、美国、加拿大等国家，而且在种类上几乎涵盖了恐龙的各个类群。

自 2009 年以来，中国几乎每年都会发现 6~7 种恐龙，恐龙物种多样性一直排名世界第一。这些在中国发现的恐龙，有的属于剑龙类，有的属于甲龙类，有的属于角龙类，还有的属于肿头龙类等。

我国目前缺少三叠纪的恐龙骨骼化石，但在云南、四川等地发现有三叠纪的恐龙足迹化石。

我国侏罗纪的恐龙化石非常丰富，不同阶段的恐龙动物群都有发现，如侏罗纪早期有禄丰龙动物群，侏罗纪中期有蜀龙动物群，侏罗纪晚期有马门溪龙动物群。

我国白垩纪的恐龙化石也十分丰富，最近二三十年，在我国西北和东北地区接连发现了白垩纪的恐龙动物群。

截至 2021 年底，我国已经研究命名的恐龙有 330 多

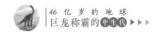

种，数量位居世界第一。在这些已经命名的恐龙中，有不少恐龙非常有特点。例如：发现于内蒙古的镰刀龙有着奇怪的长相，它的头像食草动物，前肢却像凶猛的食肉动物，脚又宽又短，长有锋利的爪子，堪称"恐龙家族中的四不像"；发现于山东的巨型山东龙是迄今为止世界上发现的体形最大的鸭嘴龙类恐龙；发现于辽宁的中华龙鸟是世界上最早发现的带羽毛的恐龙，它从头部到尾部都覆盖有像羽毛一样的丝状物，为鸟类羽毛的起源提供了重要信息；发现于新疆的泥潭龙长有 4 根手指，其第一指严重退化，第二指非常发达；发现于四川、新疆等地的马门溪龙是世界上脖子最长的恐龙，它的体长一般是 22~26 米，而脖子长度能占体长的一半；发现于辽宁的小盗龙是长有两对翅膀的恐龙，它体长不足 40 厘米，可以张开两对翅膀在空中短暂地滑翔。

中国发现的恐龙化石在地域分布上，呈现明显的规律性。在云南、四川、贵州、西藏东南部发现的恐龙化石多是侏罗纪早期的，化石种类较多，保存也比较完整；侏罗纪中期和晚期的恐龙化石主要发现于新疆地区；白垩纪早期的恐龙化石主要发现于辽西热河生物群，世界上最早发现的带羽毛的恐龙化石就产自这里；而在黑龙江、内蒙古、山东等地发现的恐龙化石，多属于白垩纪晚期。

<<<<<

恐龙的兴衰

>>>>>

在恐龙漫长的演化史上，最不可思议的是，恐龙曾经历过两次生物大灭绝事件。非鸟恐龙在6600万年前的白垩纪末生物大灭绝事件中黯然退出了演化舞台，但有意思的是，发生在2亿年前的三叠纪末生物大灭绝事件，不仅没有导致恐龙灭绝，反而为恐龙扫清了演化道路上的最大障碍——当时陆地上那些体形比恐龙庞大的动物在此次事件中都灭绝了，这为恐龙走向繁盛、走向霸主之位奠定了基础。

▶ 三叠纪末大灭绝

三叠纪末发生的生物大灭绝事件，是显生宙的第四次大灭绝事件。大约有22%的科一级生物、52%的属一级生物、76%的种一级生物在此次事件中灭绝了。海洋中，鱼龙、菊石、珊瑚、放射虫等遭受了重创；陆地上，大多数非恐龙类的爬行动物和一些大型的两栖动物也灭绝了。

三叠纪末发生的生物大灭绝事件给复苏不久、正在蓬勃发展的生物界带来了非常沉重的打击。但正如历次发

生的大灭绝那样，尽管生物界遭受了非常大的破坏，却总有些生物不仅没有灭绝，其幸存下来的物种还在后来的演化中，获得了快速发展，甚至一举成为生物演化舞台的主角。恐龙就是这场大灭绝事件中因祸得福的"幸运儿"，它在此后迅速发展，不久便成为地球的新霸主。

恐龙是三叠纪生物大辐射中新出现的类群。恐龙刚登上演化舞台就展现出了巨大的演化潜力，并在三叠纪末的大灭绝事件中幸存下来。从表面上看，恐龙似乎是大灭绝事件中的"幸运儿"，是机会主义者，但实际上，这与其自身的优势和地理分布有密切关系。

恐龙自诞生后便迅猛发展，至三叠纪晚期，恐龙已经是一个种类繁多的类群了。它们在当时的生态系统中占据了重要地位，三叠纪因此也被称为"恐龙时代前的黎明"。

三叠纪的恐龙身躯并不庞大，却充满着活力。它们直立行走，行动敏捷。通过对三叠纪的恐龙化石进行研究，科学家发现当时的大部分恐龙生活在靠近海岸的地区和相对潮湿的灌木丛林中，只有少数恐龙生活在沙漠里。但到了三叠纪晚期，恐龙的地理分布便呈现出明显的纬向性——植食性恐龙主要分布于中、高纬度地区，低纬度地区主要生活着拟鳄类动物（远古的假鳄类，与现代鳄鱼的祖先有亲戚关系）；此外，肉食性恐龙也生活于低纬度地区，但是它们的群体数量非常少。这表明在低纬度地区植食性恐龙竞争不过拟鳄类动物。

科学家通过研究，发现恐龙与拟鳄类等古老动物的竞争，可能与热带地区多变且不可预测的植物资源和动物新陈代谢的速率息息相关。新陈代谢速率较高的植食性恐龙，在与新陈代谢速率较低的拟鳄类动物的竞争中处于弱势地位。但在中、高纬度地区，拟鳄类动物的数量反而明显少于植食性恐龙。科学家研究后推断，恐龙天生具有羽毛，但是这些原始羽毛并不具备飞翔功能，只能起到保温作用。具有保温功能的原始羽毛使得植食性恐龙能够抵御中、高纬度地区的严寒，进而能够独享中、高纬度地区丰富且稳定的植物资源；而没有羽毛保温的拟鳄类动物无法抵御中、高纬度地区的严寒，因此也无法在该地区大量生存。

此外，在大灭绝事件发生后，大气中的含氧量下降到了10%，二氧化碳的含量却上升至8%，呼吸功能较差的拟鳄类动物大多无法适应低氧环境，最终只能走向灭绝。

因此，三叠纪晚期有羽毛保温的恐龙自问世以来，就已经适应了季节性寒冷气候，这帮助它们度过了三叠纪末超级火山喷发造成的火山冬天。

小词典

火山冬天

火山冬天一般指由于火山喷发释放的大量火山灰和气溶胶等物质阻挡了日照，从而造成地球表面温度骤降，其持续时间较短，一般为几年到几十年。

而大部分没有羽毛保温的动物都消失于火山冬天中，仅少数体形较小的动物种类靠躲避在洞穴中而幸存下来。

▶ 白垩纪末大灭绝

在第四次生物大灭绝事件发生之后，早期恐龙便没有了天敌，它们自然而然占据了食物链顶端的位置，即使极少数幸存下来的其他物种，也无法再与恐龙竞争。因此，生物界再也没有力量能阻碍恐龙的演化。当失去生存压力、没有其他物种能与其争抢食物，恐龙的演化便一发不可收拾。其体形越来越大，很快就成为傲视群雄、难觅对手的地球新霸主。而恐龙最终在这地球霸主的位置上坐了 1.6 亿多年。

然而"成也天灾，败也天灾"，6600 万年前，当大灭绝事件再次发生时，好运气没有眷顾恐龙，它们在这次事件中退出了历史的舞台。近年来的研究表明，恐龙的多样性在其灭绝前的 200 万年就处于比较低的状态，而且还出现了明显的下降趋势。这一现象不仅在我国出现，在北美地区也同样出现了。因此，科学家推测，恐龙多样性在白垩纪晚期开始减少很可能是全球性的现象。

白垩纪是全球火山规模最大、喷发频繁的时期。这一时期不仅海底有火山喷发，陆地上也有火山喷发。火山喷发影响了海水的热平衡，引起陆地气候发生变化，从而

火山喷发

影响了需要大量食物维持生存的恐龙等生物。

此外，伴随着大量二氧化碳的释放，温室效应不断加剧，白垩纪末火山喷发释放的二氧化碳，使得当时的气温升高了10℃。另外，二氧化碳还大量溶于海水，使得海水的 pH 值下降，抑制了钙质浮游生物的生存，甚至导致它们发生灭绝。

白垩纪末生物大灭绝发生的原因非常复杂，小行星撞击地球的威力虽然巨大，但这也只是最后一击罢了。在这之前，印度次大陆的火山已经持续不断地大规模喷发了100多万年，大量的火山物质堆积在德干高原地区，其规模几乎相当于在两倍法国领土的面积上堆积近3000米厚的物质，真是令人惊叹！另外，在太平洋沿岸的日本及我国的东部沿海地区，火山活动也很频繁。这些火山断断续续地喷发，持续时间长达上千万年，浙江全省因此堆积了非常厚的火山岩系地层。此外，在江苏南部也有大量的火山喷发，如南京铁心桥一带就有上千米厚的火山沉积物，这足见火山喷发时间之长、规模之大。

小 词 典

次大陆

次大陆是指一块大陆中相对独立的较小组成部分。

<<<<<

恐龙的特征

>>>>>

恐龙的演化史是一部充满传奇的历史。如果说经历了两次生物大灭绝事件，恐龙的崛起和灭亡让人深深感到大自然的神秘和生命的神奇，那么恐龙自身充满个性的特征，同样也让人好奇。

▶ 恐龙为何能长那么大

恐龙是地球生命史上最庞大的动物，迄今为止，还没有发现任何一种动物的体形超过了恐龙。对于恐龙为什么能长那么大，原因有很多。

环境因素

恐龙在地球上生活的大部分时间，大气中的氧气含量相对比较高。科学家通过研究发现，白垩纪地球大气中的氧气含量超过了30%。在那样氧气充足的环境中，动植物生长得比较快，个头也能长得很大。这在蚊子、苍蝇、蜻蜓、蝴蝶等小型动物身上表现得尤为明显，当时它们的个头是现在相同物种个头的2~3倍，有些甚至比现在的要

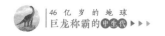
大 10 倍以上。

另外，那时候的气候和生态环境比较好，充沛的降雨和光照让植物生长得很茂盛，动物的栖息地也比现在的要大很多。由于食物充足，动物不会缺乏营养，所以也能长得很大。

生理因素

食量巨大。一只成年大象每天要花大量时间在吃饭上，它一天大约能吃掉 200 千克的植物。而一只成年的大型植食性恐龙，一天大概要吃掉 1 吨的植物。

生理系统特殊。就恐龙而言，不同类群的恐龙，其大型化的原因也有所不同。对体形最庞大的蜥脚亚目恐龙来说，它们具有特化的取食 – 消化 – 运动 – 呼吸生理系统，这被认为是导致它们体形大型化的主要因素。蜥脚亚目恐龙没有发达的咀嚼系统，也没有胃磨（胃石加蠕动）系统。它们是采用一种类似"植物吸尘器"式的方式快速取食。它们在森林中几乎不需要运动，只需移动长长的脖子和小小的头部，就能吃完一大片植物；等这一片植物吃完后，它们再换到下一个地方继续吃。

具有独特的消化方式。蜥脚亚目恐龙吃下去的食物不是通过胃磨系统消化的，而是通过吞食胃石帮助消化。蜥脚亚目恐龙的脖子很长，这样一来，它们上下左右的取食范围就非常广阔。它们可以站着不动，仅靠扭动脖子来

恐龙取食

完成取食，这样还可以减少能量消耗。在进食时，它们并不咀嚼，而是先用牙齿把树叶和树枝采集下来，塞满嘴巴，然后一起吞下去。比起花时间咀嚼，这样做让它们每天能往肚子里塞进更多的食物。恐龙的消化系统里有一个"发酵罐"，这使得细菌有大量时间将恐龙吃下去的食物充分分解，产生能量，以维持恐龙的生命活动。

呼吸系统与鸟类相似。恐龙拥有与鸟类相似的呼吸系统。鸟类的呼吸比哺乳动物更高效，因为它们不仅有肺，还有气囊。当它们吸气时，空气会同时充满它们的肺以及身体里的气囊；呼气时，虽然肺部的气体会流出，但同时从气囊流出的新鲜空气又会进入肺部，所以它们的肺部始终充满了新鲜空气。科学家通过研究，发现鸟类呼吸一次，其肺部毛细血管能够吸入的氧气量是同等肺活量哺乳动物的 2.5 倍。

这种呼吸方式可以以很多形式来帮助支撑一个庞大的身体。首先，这种呼吸方式解决了如何获得足够多的氧气的问题；其次，恐龙的气囊位于身体椎骨附近，就像松软的海绵一样，这极大地减轻了椎骨所承受的压力；再次，为了与这种呼吸方式相适应，蜥脚亚目恐龙的椎骨里还有许多中空的气囊腔，这也减轻了椎骨的重量；最后，这种呼吸方式可以为通过喘气来散热提供方便，从而解决了身体散热问题。

以下蛋的形式繁殖后代。恐龙是卵生动物，可以持续地一窝窝下蛋，能繁殖很多的后代。大象一般4年左右才会生产一次，而一只蜥脚亚目恐龙在相同的时间内，大概可以产几百枚蛋。由于是体外繁殖，它们不需要承受体内怀孕的负担，这也消除了生长的限制。当恐龙体形增大时，它们的后代数量并没有因此减少，这样它们就躲过了一般大型动物因繁殖速度慢而容易灭绝的风险。此外，即使遇到危险，比起大型哺乳动物，恐龙种群的数量也更容易恢复。

▶ 恐龙足迹的启示

恐龙留下的足迹遍布世界各地。这些足迹有大有小；脚趾数量有多有少；既有恐龙群居活动形成的，也有单个恐龙活动形成的；足迹排列有规则的，也有不规则的，甚至还有杂乱的。

科学家通过研究恐龙足迹，可以了解恐龙的行为特征、运动状况、生活习性等多种信息。

恐龙足迹化石的形成

想要形成恐龙足迹化石并不容易，而在同一地区保存有大量恐龙足迹化石更是非常难得。

那么，恐龙足迹怎样才能够保存下来呢？第一，路面必须软硬适度。软硬适度的地面便于恐龙行走之后留下

足迹并保存一段时间；如果地面太硬，则留不下足迹；如果地面太软，足迹无法保存。第二，要有特定的环境条件。足迹形成后需要一定的时间干燥硬化，再被后来的沉积物掩埋，才容易形成化石。如果足迹形成后，马上遇到了雨水，足迹会因雨水而被淹没，这样尚未干燥硬化的足迹很快就会在水中消失。

一般情况下，在干旱地区的湖滨、海滨、河滨等环境中，保存有恐龙足迹的可能性大一些。

恐龙足迹的类型

恐龙足迹有两种类型——凹型和凸型。凹型足迹比较容易理解，即恐龙在松软的地面上一脚踩下去，就会留下凹下去的足迹。凸型足迹可能有点难以理解，足迹竟然还会凸起来，这又是怎么回事呢？

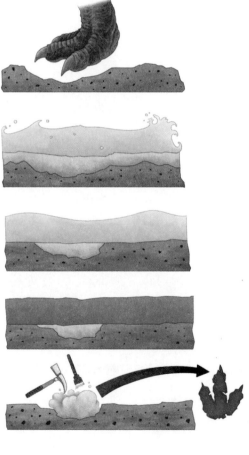

凹型恐龙足迹形成示意图

原来，原先凹下去的足迹一旦被沉积物填充后，便会被深埋压实成为岩石；后来由于地壳运动，这些岩石所在的岩层有可能会抬升露出地表；当岩层受到挤压发生扭曲甚至倒转，如果保存有恐龙足迹的下部岩层松软且致密性差，它们很容易就会被风化剥

凸型足迹

凹型足迹

蚀掉，这样保留下来的便是凸起的层面，我们看到的足迹也就是凸出的足迹，这便是凸型足迹。

恐龙足迹反映的是恐龙生活的瞬间，发现有足迹化石的地层并不一定会有骨骼化石。有时候，在一个地层中可能会发现许多足迹化石，却找不到任何骨骼化石。

恐龙足迹传递的信息

在恐龙家族中，不同类群的恐龙，其脚趾数量、大小有很大的差异。恐龙的脚趾有单趾型、双趾型、三趾型、

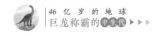

四趾型和五趾型。从已经发现的恐龙足迹化石来看，三趾型的脚趾数量最多，约占70%；兽脚亚目恐龙和鸟脚亚目恐龙的脚趾大多为三趾型，二趾型的脚趾相对较少。

我们知道，恐龙骨骼化石可以提供恐龙体形大小的信息，比如，科学家通过研究恐龙腿骨，就可以了解恐龙有多大。其实，恐龙足迹同样可以反映恐龙体形的大小。在甘肃刘家峡国家地质公园内，有许多的恐龙足迹化石，这其中有一部分就是大型恐龙留下的。科学家通过研究，发现该地质公园内最大的恐龙足迹长1.5米，宽1.2米，足有半张乒乓球桌那么大，一个成年人可以很容易地坐在足迹中间。这样大小的足迹在目前世界上已经发现的足迹化石中，可以说是数一数二的。科学家推测，这个足迹的主人很可能是身长达30米的大夏巨龙。

此外，恐龙足迹还能反映恐龙奔跑的速度。科学家通过测量一连串恐龙足迹的长、宽、单步长、复步长等数据，再经过科学计算，就可以大致推算出恐龙的奔跑速度。恐龙体形普遍较大，给人的感觉是行动缓慢。事实上，恐龙家族中奔跑速度快于人类的大有"龙"在。像梁龙等大型恐龙，它们行动缓慢，奔跑速度明显慢于人类正常步速；但三角龙、双冠龙、美颌龙等恐龙，它们奔跑的速度明显快于人类的速度，尤其是美颌龙，其奔跑时速竟然可以达到65千米。

科学课堂

如何根据恐龙足迹计算其运动速度

想要了解恐龙的运动速度，我们目前只能利用各种各样的恐龙化石。科学家通过对化石进行研究，最终找到了计算恐龙运动速度的方法。目前一种比较常用的方法是利用恐龙足迹来计算其运动速度。

现在科学家已经发现了大量的恐龙足迹，这其中含有许多恐龙行迹。恐龙行迹是恐龙行走时留下的一连串足迹，可以指示恐龙当时的行走方向。通过对恐龙行迹有关数据进行测量，如单步长、复步长等，进而就可以计算出它们的运动速度。单步长是指在一条行迹中，两个连续的左右足迹相应点之间的距离，比如左后足和右后足、右前足和左前足。复步长是指在一条行迹中，同一足的两个连续足迹的相应点之间的距离，比如两左后足、两右前足，复步长与恐龙运动速度成正比。

得到恐龙行迹的有关数据后，可以将其代入一个经验公式进行计算，得到的结果就是恐龙当时的运动速度。这个经验公式是科学家以现代生物，如马、狗等作为参照物，进行大量模拟实验得到的。

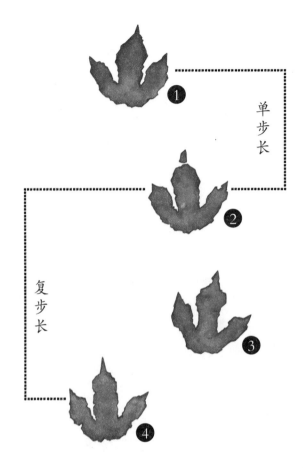

单步长

复步长

这四个恐龙足迹组成了一条行迹，其中足迹①和足迹②，足迹②和足迹③，足迹③和足迹④之间的距离是单步长；足迹①和足迹③，足迹②和足迹④之间的距离是复步长。

▶ 恐龙下蛋的奥秘

恐龙繁殖后代是有讲究的，它们不会随意下蛋。一般在下蛋前，它们会先选好地方，刨一个圆坑，再在圆坑

的边缘垒上一圈土，以防雨水漫进圆坑内。有时它们也会
先用土堆起一个土包，再在土包上刨一个圆坑；等圆坑刨
好后，它们再在圆坑中下蛋。

　　恐龙蛋化石的排列非常有趣。对于长卵形的恐龙蛋，
一般是两两一组排列，且每组间有一定的夹角；这些恐龙
是一次下两枚蛋，且第二枚蛋是转换一定角度后再下的。
如此完成一圈后，这些恐龙会重新接着转圈再下蛋，因此
我们常可以看到有一圈、二圈或三圈排列的恐龙蛋。对于
圆形的恐龙蛋，其排列就比较多样化了，有整齐排列的，
也有杂乱无章的。

　　那么为何科学家知道有些恐龙会一次下两枚蛋呢？有
一块恐龙化石的发现，给科学家提供了清晰的证据。在这块

恐龙蛋

化石上，保留有恐龙骨盆结构，而在该部位正好有两枚正在临产的蛋。或许就是在恐龙下蛋的瞬间，一场不期而遇的天灾突然降临，使恐龙下蛋的瞬间被永远定格在历史中。

中国发现的恐龙蛋分布比较广，浙江、河南、广东、江西、山东、内蒙古、湖北等地都发现有大量的恐龙蛋化石。中国的恐龙蛋化石无论数量还是种类，都是世界上最多和最丰富的。

▶ 恐龙会游泳吗

恐龙家族中有很多身躯庞大的恐龙。那么你知道这些庞然大物是如何生存的吗？曾有科学家提出，为了支撑沉重的身体，这些恐龙有可能是生活在水中的。它们那长长的脖子可以高高扬起，露出水面呼吸或者采摘湖滨地区的植物。也有科学家根据梁龙的鼻孔位于头顶部这一特征，认为梁龙就是生活在水中，以水的浮力来支撑自己，然后用头顶部的鼻孔伸出水面呼吸。

后来，科学家又找到了一些梁龙的化石。通过研究，科学家发现梁龙的长脖子并不能高高扬起。梁龙就像今天的大象一样，是完全依靠四条粗壮的圆柱形腿支撑身体，在陆地上生活的。

那么，恐龙家族中有善于游泳的恐龙吗？当然有！2008 年，一支国际古生物团队在蒙古国南部，发现了一些恐龙化石。该化石由完整的头骨、脊椎骨、一只前肢与两只后肢的骨骼组成。通过研究，这只恐龙被命名为"游猎龙"。之所以被命名为"游猎龙"，是因为科学家发现这种恐龙可能非常善于游泳。

游猎龙体形偏瘦，体长不足 50 厘米，臀高不足 20厘米，体重仅几千克，有一条细长的尾巴。游猎龙的四肢长而有力，前肢上长有三个爪指，后肢上长有四指。在游猎龙的化石中，科学家并没有发现羽毛的痕迹，但是科学家认为，游猎龙活着的时候是长有羽毛的。

为什么科学家认为游猎龙善于游泳呢？其实，科学

一只恐龙正在游泳

家在仔细研究化石后，发现游猎龙的身体结构有许多适宜游泳和潜水的特征，如具有长长的脖子、类似某些游禽的后肢（方便划水）、类似某些水生动物的桶状外形等。游猎龙具有的这些特征，表明其适应在水中生活。

其实，恐龙足迹也能够证明有些恐龙有游泳能力。科学家曾在西班牙的一处河床上发现，在约 15 米长的河床砂岩上，有 12 组又细又长的痕迹。通过对这些痕迹进行研究，科学家认为这是一只两足行走的肉食性恐龙留下的足迹。当时，这只恐龙正在约 3.2 米深的水里，向水流相反的方向前进，它的游泳方式很像现在的水鸟。

<<<<<

恐龙是鸟类的祖先吗

>>>>>

鸟类起源于恐龙的假说在 19 世纪就已经被科学家所关注。曾经流传着这样一则有趣的故事——1870 年的一天，英国著名博物学家赫胥黎在吃晚饭时，突然发现啃光了肉的火鸡骨架与恐龙的骨骼异常相似，于是他据此提出了一个大胆的假说——鸟类是由恐龙演化而来的。

20 世纪 70 年代，美国耶鲁大学的教授通过分析鸟类与恐龙、翼龙以及一些灭绝的爬行动物的关系，进一步论

赫胥黎

证了鸟类可能起源于兽脚亚目恐龙中的一类小型恐龙。在这之后，科学家在世界各地发现了许多像鸟的恐龙化石，为鸟类起源于恐龙的假说提供了化石证据。这一假说也逐渐成为鸟类起源的主流假说。

始祖鸟长期以来在鸟类演化树上一直被视作最原始的鸟类，因为它拥有一对羽翅。始祖鸟化石最早于1861年在德国被发现，其大约生活在1.45亿年前。但是，我国学者徐星在《自然》杂志上发文称，始祖鸟属于恐爪龙类，

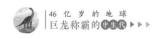
而不是鸟类的祖先。因为它与我国辽西地区发现的距今约 1.6 亿年的郑氏晓廷龙在亲缘关系上非常接近。郑氏晓廷龙的锥形齿以及长而粗壮的前肢与原始鸟类极为相似，而且它特化的足部具有恐爪龙类所有的特化第二趾。

1996 年，在中国辽宁发现了世界上第一块长有羽毛的恐龙化石——中华龙鸟化石。科学家通过研究，发现中华龙鸟身上长有浓密的黑色原始羽毛。在这之后，越来越多带羽毛的恐龙化石被科学家发现，如北票龙、中国鸟龙等。这些带羽毛的恐龙化石的发现，为恐龙从体表覆盖鳞片演化出体表覆盖羽毛提供了重要的信息，揭开了鸟类的羽毛是如何形成的这一谜题。此后，科学家发现的小盗龙等恐龙化石更是为恐龙如何学会飞翔给出了答案。

2009 年，辽宁建昌县的一位农民发现了一块恐龙化石，后经科学家研究，这块化石上的恐龙被命名为"赫氏近鸟龙"。而发现赫氏近鸟龙化石的地层属于侏罗纪，距今大约 1.6 亿年。赫氏近鸟龙比中华龙鸟生活的时代要早约 3000 万年，比始祖鸟生活的时代要早几百万年。这块赫氏近鸟龙的化石非常精美，保留了丰富的信息；其近乎完整保存的骨架周围，清晰地分布有羽毛印痕；在前、后肢和尾部则分布有外形奇特的飞羽。赫氏近鸟龙的发现填补了恐龙向鸟类演化史上的关键空白。

恐龙和鸟类的亲缘关系，其实还可以通过对比恐龙与早期鸟类的骨骼形态找出答案。科学家发现，一些恐龙的骨骼与鸟类的骨骼非常相似；此外，还有科学家尝试把一些恐龙的骨骼及恐龙蛋切开，观察其微观结构，他们同样发现恐龙骨骼和恐龙蛋的微观结构，与鸟类骨骼和蛋的微观结构也极其相似。在研究过程中，科学家甚至还发现有些恐龙跟鸟一样能孵蛋，比如 20 世纪 20 年代发现的窃蛋龙，经研究，科学家一致认为，窃蛋龙实际上具有孵蛋的行为，这在行为学上证明恐龙与鸟类也有共同点。

需要特别指出，发现于中国的化石为了解恐龙如何演化为鸟类提供了最直接的证据。比如，恐龙的前肢是如何演化为鸟类翅膀的，恐龙身体上的鳞片是如何演化为鸟类羽毛的，陆地上的恐龙是如何演化出飞翔能力的，等等。过去 20 多年来发现于中国辽宁、新疆等地的化石，为解答这些问题提供了非常重要的信息。

现在，科学家已经确信，鸟类是由恐龙演化而来的。

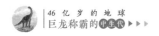

科学课堂

带翼膜飞翔的恐龙

在恐龙向鸟类演化的过程中，除采用羽毛飞翔外，还有一些恐龙是采用翼膜飞翔。

善攀鸟龙类是恐龙家族中怪异的类群，它们形态如同恐龙和鸟类的"混合体"。2017年，我国科学家在辽宁发现了一块新化石，经过研究，科学家确认化石上的恐龙属于一种善攀鸟龙类恐龙，并将其命名为"长臂浑元龙"。

长臂浑元龙体长约32厘米，体重约306克，身披羽毛，还拥有像蝙蝠翅膀一样的翼膜，如同恐龙家族中的"蝙蝠侠"。长臂浑元龙具有原始鸟类那样的尾综骨，这使得其能进一步将身体重心前移，有利于在飞行和滑翔时保持平衡。

长臂浑元龙的前肢有一根长的棒状骨骼，这在其他恐龙身上是没有的，而这部分就是它的翼膜结构。长臂浑元龙是以棒状长骨和翼膜构成的飞行器官飞行的，这与带羽毛的恐龙和鸟类的飞行方式是不同的。这表明，在恐龙向鸟类演化的过程中，或许有不同的适应飞行的尝试。

3 海生爬行动物

　　在恐龙称霸陆地前，有一支从陆地返回海洋的"爬行大军"——海生爬行动物。它们体形巨大、形态怪异且种类繁多，很快在海洋确立了霸主地位。

<<<<<

鱼龙遨游深海

>>>>>

海生爬行动物，顾名思义，就是生活在海洋中的爬行动物。它们能在咸水环境中生长、觅食和繁殖。现代海洋中仅有海龟、海蛇等少量爬行动物，然而在中生代的海洋中，有鱼龙、蛇颈龙、海龙、沧龙等大量爬行动物，其中比较知名的便是鱼龙、蛇颈龙和沧龙。

鱼龙是一类高度适应水中生活、已经灭绝的爬行动物。早在 1699 年，欧洲人首次复原鱼龙时便将它当作了鱼；1719 年，科学家发现了第一块完整的鱼龙化石，不过当时大家认为这是在大洪水中死去的海豚或鳄鱼；1814 年，在德国发现的一批鱼龙化石被送到了居维叶那里，这位法国著名的比较解剖学家首先将其鉴定为海生爬行动物。而"鱼龙"一词也直到 1818 年才被创造出来，在此以后被人们广泛接受并沿用至今。

▶ 从陆返海的先锋

中生代由陆地返回海洋生活的爬行动物种类非常丰

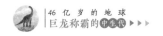

富，有"鱼形"的鱼龙，有"蜥蜴形"的贵州龙，有"恐龙形"的蛇颈龙……其中鱼龙最为特别。它在外形上和爬行动物完全不同，相反，与鱼类却极为相似，而且鱼龙大多生活于深海中。

鱼龙是最早返回海洋的海生爬行动物。近年来，科学家通过研究，发现鱼龙最早出现的历史可以追溯到三叠纪初。科学家在斯匹次卑尔根岛发现了大量的结核，这些结核是由沉淀在古老海底腐烂的动物遗骸周围的沉积物形成的。瑞典乌普萨拉大学进化博物馆的科学家研究后，确定这些结核中有硬骨鱼和奇怪的"类似鳄鱼"的两栖动物骨骼，以及鱼龙的几块尾椎骨。

这些鱼龙的尾椎骨保留了内部骨骼的细微结构，具有完全海洋生活方式的适应性特征。令人吃惊的是，这些结核形成于约 2.5 亿年前，也就是二叠纪末生物大灭绝事件发生后约 200 万年。这表明在大灭绝事件后的生物复苏过程中，鱼龙或许是第一批复苏并迅速演化的动物。

▶ 鱼龙的繁殖模式

作为从陆地返回海洋的爬行动物，为适应海洋环境，鱼龙不仅在体形上变成了适应在水中游泳的鱼状流线型，更是解决了如何繁衍后代的问题。以前在陆地上，它们是以下蛋的卵生方式繁衍后代；而到了海洋中，它们则演化出卵胎生的方式繁殖后代。

在德国南部的霍斯马登附近,有一座侏罗纪的鱼龙"公墓"——当地的黑色页岩中埋藏着大量精美的鱼龙化石。科学家在这座鱼龙"公墓"中发现了近百块带胚胎的鱼龙化石,多数腹部保留有1~4条胚胎,有的甚至有12条胚胎。科学家随后通过研究,认为鱼龙是产崽的动物。不过至今令人难以理解的是,海生爬行动物是如何那么早就演化出了这种进步的繁殖方式?

卵胎生是雌性鱼龙受精后,将卵保留在体内,而不是排出体外。这种繁殖方式避免了卵在海水中被其他动物吃掉,或下沉触碰海底被撞碎。留在体内的卵可以单独为卵内的胚胎提供营养,而不需要通过鱼龙妈妈的母体提供营养。当鱼龙幼体从卵中孵化出来后,会经母体移出体外;一般情况下,鱼龙幼体离开母体时,先是尾巴出来,最后才是头部。这种尾先出的生产方式,是鱼龙在逐步适应水生生活的过程中演化而来的,提高了鱼龙幼体出生时的存活率。鱼龙等海生爬行动物的这种繁殖后代的方式,使得它们很快便称霸海洋。

▶ **鱼龙的演化**

鱼龙形态特征鲜明,有着流线型的体形和桨状的四肢,与海豚的外形有些相似。它们的嘴巴长而尖,上下颌长着锥状的牙齿，整个头骨看上去像一个三角形。居维叶曾说：
"鱼龙具有海豚的吻部、鳄鱼的牙齿、蜥蜴的头和胸骨、
鲸的四肢和鱼的脊椎。"

整个中生代，鱼龙的形态演化非常明显，不仅在体长
上有很大变化，体长短的只有几米，长的有20多米，而
且在外形上也有明显区别。

三叠纪初，鱼龙的身体颇为笨拙，形态和结构也比较
原始。然而，随着时间的推移，它们逐渐演化出更加适应
水生生活的形态。

居维叶

三叠纪中期，鱼龙经历了一次显著的演化，出现了一些相对较大的种类。此时，鱼龙的体形已变成鱼形；尾椎骨向下弯曲，形成星月状的强大尾鳍，便于它们快速游泳。另外，它们的嘴也变长了些，眼睛也变大了些，这有利于它们在深水中捕捉猎物。以前，它们主要是捕食一些小鱼和无脊椎动物；在这之后，它们便开始捕食体形比较大的海洋生物。

三叠纪晚期和侏罗纪，鱼龙达到了演化顶峰，出现了许多形态独特的物种。它们有的能够像海豚一样跃出水面，有的甚至能够捕食鲨鱼这种大型海洋生物。这一时期，鱼龙的体形变得越来越像海豚；尾巴则像鲨鱼，只是尾鳍朝

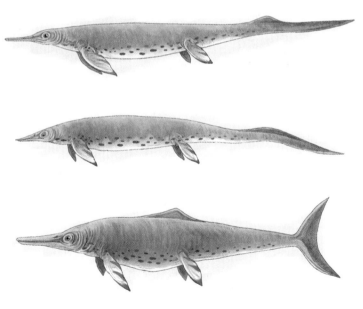

不同时期的鱼龙

下（鲨鱼的尾鳍朝上）；背上长出了肉鳍；后鳍脚退化，这样可以游得更快；嘴变得更长、更尖；眼睛也变得更大。

到白垩纪晚期，鱼龙的数量已经大大减少，只剩下少量的物种。此时，它们面临着严重的环境和气候变化的威胁，最终，它们没有逃脱灭绝的命运，消失在了地球演化的舞台上。虽然它们灭绝了，但它们在生物演化史上留下的痕迹，为我们了解地球生物历史提供了重要的信息。

▶ 鱼龙遨游深海的"装备"

鱼龙体形庞大，科学家在加拿大曾发现，有一块化石上的鱼龙体长达到了 23 米；另外，在我国贵州省，科学家也发现有一块化石上的鱼龙体长达到了 13 米。其实，鱼龙无论体形大或小，它们的眼睛都特别大，能"眼观六路"。鱼龙头部两侧有一对大而圆的眼睛，其直径最大可达 30 厘米；而现生脊椎动物中眼睛最大的是蓝鲸，它的眼睛直径才 15 厘米。此外，鱼龙眼睛上面还长有特殊的结构——巩膜环。鱼龙因此不仅视力好，眼睛还能得到巩膜环的保护，不易受伤。

鱼龙的听觉也十分出众，当时的其他爬行动物的听觉几乎都比不过鱼龙。所以即使在海洋深处，光线不好，十分昏暗，鱼龙也能顺利地利用听觉追捕乌贼、鱼类等猎物。

科学家推测，鱼龙可以下潜到 500 米水深的地方。当

鱼龙捕食

它们在大海中遨游的时候，会扇动两个前肢，从而实现在水中游动，而它们的尾巴能起到推动器的作用。它们发现猎物时，就会摆动大尾巴，快速向猎物游去。

<<<<<

蛇颈龙扬威海洋

>>>>>

蛇颈龙是一类适应在浅水环境中生活的海生爬行动物，它们个体较大且颈部很长，因此得名蛇颈龙。在三叠纪晚期，蛇颈龙便已经出现；侏罗纪，蛇颈龙遍布世界各地；白垩纪末，蛇颈龙数量逐渐减少，最终走向灭绝。在中生代，蛇颈龙与鱼龙一起统治着当时的海洋。

▶ 蛇颈龙的演化

蛇颈龙长得十分奇特，尤其是演化出了罕见的长脖子，其脖子长度可达身体长度的一半。一条细长的脖子上顶着一个小脑袋，让蛇颈龙看起来就像是一条大蛇长在一只大乌龟的体内。蛇颈龙有鳍状肢，科学家认为它们的游泳方式与海豹类似，通过挥动鳍状肢，从而实现在海洋中游动。蛇颈龙和鱼龙一样，是凶残的肉食者，它们主要以鱼类和蚌类为食。

在三叠纪晚期，蛇颈龙的祖先开始出现，它们的形态比较原始，体形较小。

侏罗纪早期，蛇颈龙的种类逐渐增多，体形逐渐变大，颈部也变得更加粗壮，适应了更复杂的生态环境。

侏罗纪晚期，蛇颈龙达到了演化的顶峰。由于海洋环境的多样性以及气候的稳定，这一时期出现了许多体形庞大、生态角色各异的蛇颈龙。上龙是蛇颈龙的近亲，但它们的头很大，脖子比蛇颈龙短，牙齿很锋利。上龙是侏罗纪时期唯一一种体形与现代蓝鲸相仿的海生爬行动物，可以捕食当时海洋中的任何动物。

到白垩纪晚期，蛇颈龙的数量和多样性显著减少。这可能是由于地球环境的变化，以及其主要捕食对象——鱼类和头足动物数量的减少导致的。最终，蛇颈龙在海洋中逐渐衰退，走向灭绝。

▶ 走向深海的秘诀

蛇颈龙原先生活在浅海区域，后来慢慢开始去深海区域活动。有趣的是，科学家近年来通过研究，发现蛇颈龙能够去深海区域活动，并能成为新海域的霸主之一，其原因主要在于蛇颈龙拥有更多的红细胞。

科学家通过比较生活在浅海区域与深海区域的蛇颈龙的骨骼微观切片，发现蛇颈龙向深海活动的过程中，体内的红细胞在逐渐变大、增多。红细胞变大、增多，使得蛇

蛇颈龙捕食

颈龙拥有了能够携带大量氧气的血红蛋白，因此它们可以在海洋中长时间地憋气和潜水。此外，它们的身体结构也发生了相应的改变——拥有更多的脂肪；体形变得更大、更壮。这表明温血海洋动物对于在深海区域生活具有极强的适应能力。

现代海生哺乳动物，如鲸鱼、海豚、企鹅等，也是拥有更大的红细胞，这显然是继承了前辈的"衣钵"。总之，当海生爬行动物体内积累的红细胞越多，它们就越能适应深海的生活环境，下潜的深度也越来越深！

"巨无霸"沧龙

沧龙是海生爬行动物最后辉煌时刻的典型代表。它从陆地走向海洋时，体形还十分瘦小，但在辽阔的海洋中，在不长的时间里，它就演化成了海洋中的"巨无霸"。而这种神奇的演化经历又以化石的形式保留在地层中，成为生命史上又一个令人惊叹的奇迹。

▶ 沧龙化石的发现

18 世纪末，第一块沧龙化石在荷兰马斯特里赫特的

一个石灰岩矿坑中被发现，该化石是一块破碎的头骨。后来，居维叶通过研究，最初认为该化石所属的生物是一种鳄鱼，后来又认为是一种巨型蜥蜴。1822 年，英国科学家威廉·科尼比尔以流经马斯特里赫特的默兹河为名对该生物进行了命名。

现在，沧龙化石在全世界许多地方都有发现，这表明沧龙曾经称霸整个海洋。2011 年，智利的一个科学团队在南极西摩岛西侧发现了一颗足球大小的蛋化石。该化石是椭球形，有别于一般的恐龙蛋，其表面呈褶皱状。通过把这颗蛋化石与 259 种现存的爬行动物的蛋做对比，并研究了很多已灭绝的史前大型动物，最后科学家得出结论，这颗蛋很可能是古老的海洋爬行动物——沧龙产下的。

▶ 沧龙快速崛起

白垩纪，陆地上的恐龙与其他动物的竞争非常激烈，体形瘦小的动物只能在角落里艰难生存。为了寻得一线生机，这些体形瘦小的动物开始将目光投向了辽阔的海洋。这个时期的海洋中没有占据绝对霸主地位的生物，非常适合所有生物一起发展。其中，小小的崖蜥抓住了机会，它们试探性地将前爪放入水中，开始在海洋中生活。

令人惊讶的是，这些不足 1 米长的崖蜥，在短短的几百万年后，竟然成为白垩纪最后 2000 万年里所有海洋生物都敬而远之的"终极恶魔"——沧龙。那么在这短短的几百万年里，崖蜥的身上到底发生了什么，使它们演化成为海洋霸主呢？

其实，崖蜥来到海洋后，就开始了它们的演化之路。它们为了适应在海洋中生活，脚趾演化成了容易划水的蹼掌、尾巴变扁、背部长出了类似鱼鳍一样的东西、肺部也慢慢变大。这些改变，使得它们可以在水里快速游动。而这第一轮的演化，也形成了沧龙的早期演化形态，崖蜥变成了达拉斯蜥蜴——体形不大，身上还有一些蜥蜴的影子。

沧龙在适应海洋环境后，面对丰富的食物来源，便开启了"吃货"生活。它们的体形不断增大，最终长成体重超过了10吨的"巨无霸"。相比同一时期的其他海洋生物，沧龙有着明显的体形优势。这让海生爬行动物再次开启了新一轮称霸海洋的壮举。

这个时候的沧龙的身体呈长桶状，尾巴强壮，外形有

达拉斯蜥蜴

点像蛇，四肢已演化成鳍状且前肢大于后肢。沧龙是靠摆动身体从而在水中游动，这和现代的海蛇非常像。沧龙的头部非常强壮，牙齿弯曲、锋利、呈圆锥状，可以将猎物撕碎后再吞下。

科学家通过研究，发现沧龙其实也可以上岸爬行，就是速度很慢，所以一般它们不会上岸捕食。另外，沧龙的咬合力只有4万～6万牛顿，而同时期陆地上的霸王龙，其咬合力最大可达12万牛顿。虽然咬合力比不上霸王龙，但在同时期的海洋中，沧龙是没有竞争对手的。

▶ 沧龙横扫海洋

到白垩纪末，沧龙的体形变得越来越大，出现了许多不同的类型，广泛分布于世界各地。科学家推测，当时浅海食物较多，有一部分沧龙留在浅海，享受起了浅海的安逸生活；还有一部分沧龙善于游泳，想去深海闯一闯，它们的形态也随着环境的变化发生了改变。其中，海王龙是沧龙家族中体形最庞大的一种，其体长一般可达11米，较大个体的海王龙体长能达17米。

沧龙是中生代所有海洋生物中最凶猛的掠食者。它们的主要食物有蛇齿龙、海龟、金厨鲨、薄片龙等。这些被捕食的动物有些本身也是凶猛的掠食者，如金厨鲨是一种已经灭绝的远古鲨鱼，体长可达8米，是兼具速度与耐力的中型掠食者。科学家推测，一只成年沧龙可以同时对抗几只金厨鲨。

有趣的是，沧龙还会以同类为食。2013 年，科学家在安哥拉发现了一块沧龙化石，通过研究，这只沧龙腹部有另外三只沧龙的部分遗骸。由此可见，沧龙是会同类相食的，这足见沧龙的残暴和凶猛。

虽然当时沧龙称霸海洋，但其实也有其他敢于挑战沧龙的动物。如体长约 10 米的恐鳄，它们居然有胆量来挑衅海王龙。由于恐鳄和大型食肉恐龙的食物链高度重合，它们打不过恐龙时，有时就会游到浅海与海王龙较一下劲。恐鳄可能觉得它们打不过大型食肉恐龙，或许在独来独往的海王龙这里可以占到一点便宜。然而不识时务的恐鳄在强大的海王龙面前，一点便宜也没有占到，在食物链上也只能算是第二梯队的中型掠食者。

随着时间的推移，为了能在深海称霸，沧龙在后期几乎演化出了完美的身体形态——它们的身体已经逐渐向现代金枪鱼的鱼雷形状发展，这种变化可以让沧龙在深海中游得更快，体内也能储存更多的脂肪，有利于到更深的海域寻找食物。这一时期，沧龙家族的代表——浮龙就成了不折不扣的海洋霸主。浮龙的食谱非常广泛，只要体形没有它大，它统统都吃！然而，随着白垩纪末生物大灭绝的到来，沧龙也没有逃脱灭绝的命运。

沧龙捕食

4 称雄天空的翼龙

在中生代，辽阔的天空中飞翔着一批与现代鸟类完全不同的动物——翼龙。它们是一类会飞的爬行动物，也是脊椎动物家族中最早飞向蓝天的动物。翼龙统治天空超过1.6亿年，可惜在6600万年前的白垩纪末生物大灭绝事件中，翼龙与恐龙都灭绝了，从此地球上再无巨龙。

<<<<<

翼龙演化史

>>>>>

翼龙是最早出现在天空中的脊椎动物，比鸟类和蝙蝠分别早出现数千万年和上亿年，也是继昆虫之后第一种能飞翔的动物。

翼龙大约在三叠纪晚期出现在地球上，在后来的演化中，翼龙遍布全球，飞翔在北美、南美、欧洲、亚洲、非洲等地辽阔的天空中。

翼龙主要靠翼膜来飞翔，其前肢的三指是活动的；第四指长且粗，附着翼膜变成飞行翼；第五指退化消失。翼龙的肩带及前肢异常发达，胸骨发育，有利于附着肌肉进行飞翔。翼龙的小脑叶片是所有脊椎动物中最发达的，有整合信息、保持平衡的功能，这使得翼龙拥有非常强的飞行能力。

1907 年，古生物学家在苏格兰地区发现了斯克列罗龙化石。斯克列罗龙是一种生活于距今约 2.31 亿年的兔蜥科动物，是翼龙祖先的近亲。科学家通过研究，发现翼龙的飞行演化途径与鸟类不同，鸟类很可能是"从树上飞

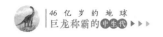

起来的"。而斯克列罗龙还不怎么会飞，但它们有一双粗壮的脚可以蹦蹦跳跳，有时还会用四肢行走。因此，多数科学家认为翼龙是由陆地上奔跑的动物演化而来的，它们很可能是"直接从地面往上飞"。

翼龙在中生代经历了漫长的演化过程，直至 6600 万年前，翼龙与恐龙几乎同时在白垩纪末的生物大灭绝事件中消失。在翼龙的演化过程中，曾出现了大量不同种类的翼龙。它们大致可以分为两大类型——早期原始的喙嘴龙类和后期进步的翼手龙类。

喙嘴龙类是一类比较原始的翼龙，主要生活在三叠纪晚期至侏罗纪，最早的化石发现于意大利。喙嘴龙类体形小、颈短、掌骨短，上、下颌一般都有牙齿，后肢第五指较长，有一条长尾巴。翼手龙类是一类较为进步的翼龙，主要生活在白垩纪。翼手龙类颈长、掌骨长，尾巴较短，后肢第五指退化。

在翼龙的演化过程中，其形态发生了显著变化。早期翼龙的长尾巴、牙齿和前肢的爪子在演化过程中逐渐退化。早期的翼龙满嘴都是牙齿，这些牙齿又细又长又尖，但到白垩纪，大部分翼龙就很少有牙齿了；此外，翼龙的体形也在演化过程中变得越来越大。

科学家通过研究，发现翼龙的演化过程很特别——虽然翼龙出现的时间比始祖鸟要早数千万年，但令人惊奇的是，直到鸟类出现，翼龙才真正开始它们的演化过程。

原来，翼龙早期的生活比较稳定，直到鸟类出现并繁盛后，翼龙才开始尝试其他的生活方式，进而演化出了大型翼龙。鸟类的形态多样性和体形多样性在白垩纪持续增加，直到白垩纪晚期，翼龙可能依然需要面对来自鸟类施加的竞争压力。显然，鸟类的出现，对翼龙产生了竞争的选择压力。翼龙的体形变得庞大，更适应与鸟类在辽阔的天空中竞争。在此之后，翼龙开始逐渐衰退，直至最终灭绝。

<<<<<
翼龙化石的发现
>>>>>

早在 1784 年，意大利的一位古生物学家就发现了翼龙化石，不过当时他并不知道这是什么动物，怀疑可能是一种介于鸟和哺乳动物之间的奇怪动物。直到 1801 年，居维叶研究后，认为这是一种会飞的爬行动物。大概过了半个世纪，在德国索伦霍芬附近，科学家又发现了一些比较完整的翼龙化石。这些翼龙的翅膀上具有明显的膜，进一步证明了翼龙是一种会飞的动物。

1963 年，我国石油地质工作者在新疆克拉玛依附近

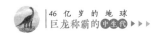

的乌尔禾地区，发现了一些翼龙的骨骼化石，这是我国首次发现翼龙化石。"中国古脊椎动物学之父"杨钟健院士在研究了这些化石后，将这只翼龙命名为"准噶尔翼龙"。准噶尔翼龙很有意思——它的嘴前端上翘且没有牙齿，这是方便用嘴上弯曲的喙将泥沙里的贝壳掏出来咬碎了吃。此后，在乌尔禾这个地方，我国科学家还发现了大量的翼龙足迹化石。

2004年，我国科学家发表了一篇关于世界上第一枚翼龙胚胎化石的论文。这枚翼龙胚胎化石是在中国辽西热河生物群中发现的，距今约1.21亿年。科学家通过研究，推断该翼龙长大后可能是一只中大型的翼龙。翼龙是卵生动物，是通过下蛋繁殖后代的，翼龙胚胎化石的发现充分证明了这一点。

在中国发现世界上第一枚翼龙胚胎化石后不久，美国洛杉矶自然历史博物馆的研究人员也在阿根廷发现了一枚翼龙胚胎化石。该化石长约

准噶尔翼龙

6厘米，宽约2厘米，未孵化的翼龙小宝宝蜷缩在蛋壳内。通过研究，科研人员认为这枚胚胎属于南翼龙。

2005~2006年，我国科学家又先后来到新疆吐鲁番哈密盆地的一大片雅丹无人区进行考察，在这里发现了非常丰富的翼龙化石。在这片无人区，翼龙化石分布面积可达上千平方千米。科学家通过研究，推测该区域内曾有数亿只翼龙繁衍生息。目前，该地区是世界上分布面积最大、最富集的翼龙化石产地；蛋、胚胎、幼体、成年个体等不同发育阶段的翼龙化石都有大量保存，是世界上极为罕见的"白垩纪翼龙乐园"。

雅丹地貌

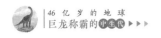

雅丹地貌现在是寸草不生的生命禁区，但在这个地区发现了大量的硅化木和翼龙化石，说明这里过去曾是一个水草肥美的地方。令人异常兴奋的是，科学家在该地区还发现了非常珍贵的三维立体保存的翼龙蛋和胚胎化石，这也是世界首次发现三维立体保存的翼龙胚胎化石；在此之前，全世界只发现了 4 枚二维压扁保存的翼龙蛋化石。

在哈密地区发现的三维立体保存的翼龙蛋，其表面有硬的、脆性的裂纹，这说明它总体是软的但有硬壳。通过研究，科学家发现翼龙蛋有两层结构——外边一层是很薄的钙质硬壳，里边一层是很厚的软膜。这种结构与鸡蛋的结构差异较大，鸡蛋外边的钙质硬壳很厚，里边的膜既软又薄。当鸡蛋打碎后，外边的壳也会跟着碎了，但是翼龙蛋可以被压扁，尽管可能会出现裂缝，却能维持其形状。

<<<<<

世界各地的翼龙

>>>>>

目前，世界各地已经发现了大约 200 个翼龙种类，它们主要分布在欧洲、美洲部分地区和中国。

科学家在野外挖掘翼龙化石

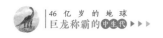
▶ 欧洲的翼龙

欧洲是最早发现翼龙化石的地方，迄今为止，欧洲已经发现了大约 60 种不同的翼龙化石。这些化石有的属于侏罗纪晚期，有的属于白垩纪，时间跨度非常大。目前，欧洲一些比较知名的翼龙化石产地主要分布在英国、法国、德国、罗马尼亚等。在欧洲发现的这些不同种类的翼龙，它们在体形、翼展、头部结构等方面都存在差异，这为研究远古生态系统和生物多样性提供了重要信息。

在英国牛津郡，科学家在一个砾石坑中发现了一块巨大的翼龙化石。后通过研究，科学家发现这只翼龙生活在侏罗纪，其翼展长超过 3 米，是当时体形比较大的翼龙之一。另外，在西班牙东部，科学家发现了欧洲神翼龙的化石，它的头顶有各种各样复杂的头饰。2014 年，在德国的一个采石场中，一件古老的翼手龙化石被发掘出来。后来，科研人员花费了 120 多个小时对这件化石标本进行细致的修复，最终发现这块化石上保存的是一具近乎完整的小型翼手龙骨骼，仅有一小部分左下颌骨以及左右胫骨缺失。

▶ 南美洲的翼龙

南美洲是重要的翼龙化石产地，在世界上久负盛名。其中，在巴西发现的翼龙化石尤其多，巴西也因此被誉为"翼龙王国"。在巴西发现的翼龙有古魔翼龙、古神翼龙、掠海翼龙，等等。

古魔翼龙属于翼手龙类，主要以鱼类为食，身体小巧，但脑袋非常大，脑后方有一个比较小的头饰。古魔翼龙的嘴巴比较奇特，像是由两个汤匙合在一起形成的，里面长满了朝不同方向弯曲的尖牙。

古神翼龙生活在白垩纪，身体娇小，头骨只有20厘米长，尾巴也很短。古神翼龙有龙脊状头饰，不同种类的古神翼龙，头饰类型也不一样。有些古神翼龙的头饰是由口鼻部的半圆头饰和从头部向后延伸

古神翼龙

的骨质分岔构成的；有些古神翼龙的头饰则呈帆状，头后方没有骨质分岔。

掠海翼龙生活在白垩纪早期，身体造型非常奇特，头饰巨大且突起，约占其整个头部体积的四分之三。掠海翼龙头饰的形状有点像刀片。据科学家分析，头饰在翼龙飞行过程中可能起到了"舵"的作用。另外，科学家在掠海翼龙头饰化石上还发现了纵横交错的沟槽，推测这可能是

掠海翼龙

帮助它们调节体温的发达的血管系统。掠海翼龙主要捕食小型陆地动物，有时也会像准噶尔翼龙那样以贝类或甲壳类为食。

虽然科学家在巴西发现了许多翼龙，但南美洲最大的翼龙是在阿根廷发现的。这件最大的翼龙化石约有 40 块骨头和碎片，通过研究，科学家发现该翼龙的翼展长约 9 米。体形如此庞大的翼龙让科学家想到了长着翅膀、从天而降的死神，于是科学家根据古希腊神话中死神塔纳托斯的名字，将这种新发现的翼龙命名为"死神翼龙"，意为"死亡之龙"。

南翼龙也是在阿根廷被发现的，后来在智利也发现了南翼龙的化石。南翼龙生活在白垩纪，翼展长 1.32 米，拥有大约 1000 颗长而狭窄的鬃毛状牙齿。南翼龙可能像现代红鹤那样，以过滤方式捕食水中的甲壳动物、浮游生物、藻类等；有时它们在飞行时掠过水面，也会用喙状嘴捞起水中的食物。

南方翼龙是另一种在阿根廷发现的翼龙，生活在白垩纪，翼展长约 1.3 米，有一个长且向上弯曲的鼻子。南方翼龙下颌长有 1000 多颗长的针状牙齿，这种奇特的外观，使得有些翼龙研究人员称其为"带翅膀的牙刷"。

南方翼龙

▶ 中国的翼龙

自 1963 年在新疆克拉玛依附近的乌尔禾地区发现了中国第一件翼龙化石以来，目前在全国的许多地区都发现了翼龙化石，如甘肃庆阳、山东莱阳、辽宁朝阳、四川自贡等。中国的翼龙化石主要发现于北方，发现于南方的翼龙化石很少。

目前，发现于中国的翼龙有中国翼龙、准噶尔翼龙、热河翼龙、悟空翼龙、隐居森林翼龙等。

中国翼龙的化石发现于辽宁朝阳，这是中国辽西地区发现的第一件没有牙齿的翼龙化石。中国翼龙的头相当大，有类似鸟的喙状尖嘴，嘴部缺少牙齿。中国翼龙的头部上方有一个长的骨质头饰——从前上颚骨开始，一直延伸到头颅骨后方。中国翼龙的后肢较短，这使得它们适合悬挂

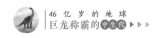

于树木或者岩石间。中国翼龙可能会在林间穿梭，以果子为食。

准噶尔翼龙的化石发现于新疆克拉玛依附近的乌尔禾地区。准噶尔翼龙生活在白垩纪早期，是一种比较大型的翼龙。准噶尔翼龙的脑袋很大，视力很好，脖子是弯曲的，一对翅膀展开差不多有 3 米长。准噶尔翼龙的口鼻部上面有一个特殊的骨质脊冠，在飞行时可能起到"舵"的作用；不过也有研究指出，脊冠可能是性别的一个特征。准噶尔翼龙的颌骨细长且弯曲，颌骨后面的牙齿是扁平的，口内牙齿较少，颌前部已无牙齿。准噶尔翼龙一般生活在湖边，以鱼类为食。

热河翼龙的化石发现于内蒙古宁城，化石保存有精美的翼膜结构以及遍布全身的毛状皮肤衍生物。热河翼龙生活在白垩纪早期，翼膜与后肢相连，尾膜与第五指相连，其脚趾有蹼，常在水边生活。热河翼龙具有特别长的翅膀，这表明它们具有很强的飞行能力。热河翼龙的嘴宽而短，主要以昆虫为食，有时也会捕食鱼类。

悟空翼龙的化石发现于燕辽生物群（距今约1.6亿年）。悟空翼龙的头骨、颈椎和前肢非常进步，但后肢和尾巴很原始。悟空翼龙的外鼻孔和眶前孔已经愈合成鼻眶前孔，其尾巴很长且第五指特别发育。

隐居森林翼龙的化石发现于辽宁建昌。它是迄今发现的最小的翼龙物种，生活在白垩纪早期，其体形大约是现代蜂鸟的两倍大，和一只燕子或麻雀大致相当。隐居森林翼龙长有弯曲的脚趾，能够紧紧抓住树枝，适

悟空翼龙

应树栖生活。隐居森林翼龙被称为"隐蔽于森林的栖息者"，它很可能主要以昆虫为食。

<<<<<

翼龙的特征

>>>>>

翼龙形态怪异，特点鲜明，行为别致，有许多令人好奇的特征，如头饰、翼膜、毛等。

▶ 奇异的头饰

翼龙有非常独特而醒目的头饰。翼龙的头饰由角质材

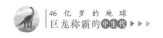
料和骨骼支撑的软组织构成。科学家通过研究，发现翼龙的头饰有可能颜色很鲜艳。有趣的是，在巴西发现的古神翼龙，其头的上部和下部都有头饰。

翼龙的头饰有多种功能。其一是性展示，头饰可以用来吸引异性和求偶；其二是飞行时保持平衡，头饰可以让翼龙在飞行过程中保持身体平衡；其三是辅助捕食，头饰可以让翼龙身体保持稳定，从而能精准捕食；其四是调节体温，有一些翼龙的头饰上面长有像暖气片一样的沟，科学家认为这种结构具有散热、调节体温的作用。

▶ 巨大的翼膜

翼龙拥有巨大的翼膜，翼膜是翼龙飞向蓝天的关键。翼龙的翼膜结构，完全不同于鸟类和蝙蝠的翅膀结构。翼龙的翼膜是由位于身体侧面到四节翼指骨之间的皮肤膜衍生出来的。翼龙的前肢高度退化，第一、二、三指生长在翼膜外侧，变成钩状的小爪，第五指退化消失；第四指加长变粗成为飞行翼指，飞行翼指由四节翼指骨组成，前端没有爪，与前肢共同构成飞行翼的坚固前缘，支撑并连结着身体侧面和后肢的膜，形成能够飞行的翼膜。翼龙的腕部发育一个特有的向肩部前伸的翅骨，能对翼膜起到支撑作用。

▶ 保温的毛

20世纪初，英国科学家认为，翼龙具备快速运动的能力；像蝙蝠一样，体表有毛；生活习性与鸟类相似。因此他们推测翼龙应该是温血动物。

1970年，科学家在哈萨克斯坦发现了一件比较完整的带有毛的翼龙化石。后通过对这件标本上的毛状物和翼膜结构进行研究，科学家进一步确认翼龙属于温血动物。之后，我国科学家在内蒙古宁城也发现了全身覆盖毛的热河翼龙完整骨架化石，为翼龙是温血动物又增添了一个有力证据。翼龙身上的这些毛可以隔热保温，能防止体内热量散失，具有调节体温的作用。

三叠纪早期，长毛的翼龙就已经出现；后来在侏罗纪的翼龙化石上，科学家也发现了毛的印痕；之后到白垩纪，科学家仍然发现有长毛的翼龙，如在美国和英国发现的无齿翼龙——这种最晚出现的翼龙身上也是有毛的。显然，在翼龙漫长的演化过程中，它们身上一直是长毛的。

<<<<<

翼龙如何飞翔

>>>>>

翼龙主要以飞翔为主，到演化后期，它们的飞翔能力

非常强。以前，科学家认为，翼龙可能只有滑翔的能力，飞翔能力比较弱，但后来通过对新发现的化石进行研究，发现它们的飞翔能力是很强的。

翼龙为了适应飞翔的需要，演化出许多类似鸟类的骨骼特征，如头骨多孔、骨骼中空、胸骨及龙骨突发达，等等。翼龙的飞翔不是直接拍打翅膀飞向空中。翼龙是四足动物，即利用四肢行走，这表明它们可能是利用四肢将自己"弹"向空中的。拥有更多的肢体意味着有更大的力量，因此体形最大的翼龙也可以利用四肢将自己"弹"向空中。

科学家通过研究，发现翼龙可能并不能像鸟类那样自由地、长距离地翱翔于天空。翼龙只能在它们的生活地附近，如海边、湖边或树林中滑翔和飞行，有时也会在水面上盘旋。

过去，科学家认为，翼龙在地面的行走方式相当笨拙；另外，对于它们是四足行走还是两足行走也没有确切结论。后来，科学家在山东青岛发现了 5 个翼龙足迹，通过对该足迹进行研究，这些疑问得到了解答。这 5 个翼龙足迹由两对前后肢足迹以及一个单独的后肢足迹组成，科学家发现这些翼龙足迹是典型的四足运动方式形成的。从周边的痕迹来看，这只翼龙当时很可能正在涉水或寻找食物，它在地面能够相当顺利地移动。

另一个有趣的发现来自法国发现的翼龙足迹。通过对该足迹进行研究，科学家发现翼龙在降落到地面前，会先在空中停留片刻，这和现在很多鸟类采取的降落方式很像；另外，该翼龙留下的爪痕显示，它降落到地面时速度很快，在它完全停下来前，还往前跳了几下。在法国发现的这一翼龙足迹，是科学家首次确认由远古翼龙在降落时留下的足迹，并据此推测出翼龙的降落方式。

<<<<<

翼龙吃什么

>>>>>

翼龙生活在湖泊、浅海边，喜欢群居生活。湖泊或者海洋中有丰富的鱼类资源，可以为翼龙提供大量食物，满足其生存需要。科学家常常会发现翼龙和鱼类的化石埋藏在一起，这说明翼龙是吃鱼的。

此外，有一些翼龙具有脚蹼，可以从空中发现飞行的昆虫，然后迅速出击，准确地捕食它们。吃昆虫的这一类翼龙，它们的嘴往往是扁的。另外，还有一类翼龙吃植物的种子，这类翼龙一般不具有牙齿，嘴像剪刀一样，是一种角质的喙，如中国翼龙就是以种子为食的。

翼龙捕食

5 中生代的其他生物

　　在动物界，中生代是爬行动物的时代，也是菊石的时代；哺乳动物在恐龙诞生后不久，也悄然出现在中生代的舞台上；此外，昆虫等无脊椎动物也在中生代大放异彩，成为一股不可忽视的力量。在植物界，中生代是裸子植物大发展的时期。

<<<<<

哺乳动物

>>>>>

2.22 亿年前，哺乳动物的祖先就已经在地球上出现。它们与稍前出现的恐龙共同演化了近 1.6 亿年。中生代的哺乳动物可以分为三类：单孔类、有袋类和真兽类。

其中，单孔类是最原始的哺乳动物，也是唯一产卵的哺乳动物。鸭嘴兽是最具代表性的单孔类，现在主要分布在澳大利亚，它们体形较小，身体结构较为简单。有袋类包括我们熟悉的袋鼠、树袋熊、负鼠等，它们是一类特殊的哺乳动物，没有发育完全的胎盘，幼体会待在母体的育儿袋内长大。目前，发现最早的有袋类化

小词典

育儿袋

育儿袋是雌性有袋类腹部由皮肤皱褶所形成的囊，内有数个乳头。幼体在发育早期会进入育儿袋，在袋内继续发育。

鸭嘴兽

石是三角齿兽化石，它们生活在约 1.1 亿年前。澳大利亚是现在有袋类的主要分布地区，科学家推测，这些有袋类来自北美洲。真兽类与有袋类的主要区别在于有真正的胎盘，胚胎通过胎盘吸收母体的营养，并在母体子宫内发育完全后再产出。

真兽类和有袋类相比单孔类，它们更进步，身体结构和生活习性也更为复杂。在中生代晚期，这些哺乳动物开始逐渐演化成为现代哺乳动物的祖先。

三叠纪晚期，哺乳动物诞生，但它们并未像恐龙那样，迅速演化成为体形庞大的动物。它们的体形和现在的老鼠差不多大，一直在恐龙阴影的笼罩下"卑微"地生活着。在美国和巴西三叠纪的地层中发现的隐王兽和巴西齿兽化石，是最早的哺乳动物化石。通过研究，科学家发现隐王兽和巴西齿兽的体长只有十几厘米。

早期的哺乳动物其实并不甘心在洞穴阴暗的环境中生活，它们一直在积极开拓不同的生态空间。有些哺乳动物开始尝试上树生活，有些哺乳动物开始尝试进入水中生活，还有些哺乳动物开始尝试飞向天空。

侏罗纪中晚期至白垩纪早期，哺乳动物呈现出快速辐射演化。这一时期比较有代表性的动物是远古翔兽和獭形狸尾兽，它们的化石是 2006 年在辽宁、河北和内蒙古交界地区的侏罗纪中晚期地层中发现的。此外，发现于这一时期的中华侏罗兽也非常有意义，它是胎盘类哺乳动物的祖先，在真兽类演化史上占有重要的位置，它的发现将真兽类出现的时间整整提前了 4000 万年。

白垩纪早期，在我国的热河生物群中陆续发现了爬兽、俊兽、张和兽、毛兽等哺乳动物。其中爬兽体重超过 14 千克，体长达 1 米，是中生代哺乳动物的翘楚。它们能捕食恐龙幼崽——科学家在一块爬兽化石的腹部，发现了鹦鹉嘴龙的骨骼残骸。这一惊人的发现极大地改变了以往中生代哺乳动物在人们心目中的形象。俊兽的牙齿结构比较复杂，既吃肉也吃素，正是因为杂食性，俊兽的演化持续了很长时间。张和兽、毛兽这些哺乳动物一般体形比较小，体长在 30 厘米以内，兼具"原始"和"进步"的特征。比如张和兽的前肢姿态就处于趴卧和直立之间的"半趴卧"姿态，显示了它的过渡性特点。

白垩纪末，一场生物大灭绝事件再次上演，幸运的是，尽管哺乳动物在这一事件中也遭受重创，但它们最终度过了危机，成为劫后余生的"幸运儿"。进入新生代，哺乳动物开始了它们新一轮的演化征程。

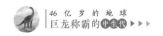

<<<<<

"海洋明星" 菊石

>>>>>

菊石是一种已经灭绝的软体动物，最早出现在古生代泥盆纪初期，繁盛于中生代，广泛分布于世界各地的三叠纪、侏罗纪海洋中，直到白垩纪末灭绝。

菊石壳体形态多样、缝合线复杂多变，它们的化石也颇易辨别。菊石化石之丰富、大小之显著、分布之广泛，都使其无愧于"中生代是菊石时代"的美誉。

缝合线

缝合线是菊石隔壁与壳体愈合的线，在菊石的分类和演化研究中具有重要的意义，是菊石系统分类的重要依据之一。

▶ 菊石的演化

菊石作为一类已经灭绝的海生无脊椎动物，在地球历史上有近3亿年的演化史。最早的菊石出现在大约4亿年前。在晚古生代，菊石有一定程度的发展，迅速演化成为海洋中广泛分布的无脊椎动物。之后在经历了二叠纪末生物大灭绝事件后，菊石又迅速复苏，开始繁盛；到侏罗纪和白垩纪，菊石达到了演化的顶峰，成为中生代无脊椎动物最为繁盛的代表。

在三叠纪，菊石在海洋生态系统中就已举足轻重，占据了非常重要的地位。虽然三叠纪早期菊石的种类较为单一，个体也比较小，但是经过一段时间的演化，菊石的种类逐渐增多，个体也在逐渐变大。

三叠纪中期，菊石演化迅速，当时全球海洋中都有菊石的踪影。在这一时期，菊石家族中的齿菊石和叶菊石开始大发展。齿菊石有宽大的脐，壳饰发达，两侧有粗肋和

海洋中的菊石

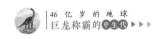

瘤结。叶菊石脐孔很小，壳型多为内卷和包卷，壳面光滑，缝合线则由许多小叶片状的鞍线组成。

三叠纪晚期，菊石的种类和数量开始激增，在约5000万年的时间里，出现了大约5000个不同种类的菊石。之后在三叠纪末生物大灭绝事件中，菊石遭受到了严重的破坏，古生代和三叠纪出现的菊石类型几乎全部灭绝。菊石因此遭受灭顶之灾，只有一些生活在深水中的菊石躲过了这场灾难。

到了侏罗纪，生态环境大为改善，菊石开始进入大繁盛时期。此时，躲过三叠纪末生物大灭绝事件的叶菊石再次繁盛，成为新型菊石的祖先。叶菊石就是生活在深水中的菊石，它的化石多发现于深水沉积岩层，如页岩和泥岩中。菊石的种类和数量在侏罗纪都达到了最高峰，此时的菊石多样性非常丰富，不仅出现了大型的巨菊石，还有像"菊石虫"这样的小型菊石。在这一时期，菊石的外壳变得更为坚硬，同时也出现了更多的缝合线且缝合线也更加复杂。

侏罗纪，盘古泛大陆分裂，海陆分布格局变得更复杂，浅海面积持续扩大。这使得菊石的地理分区日益明显，给菊石的演化带来了更多的可能性。侏罗纪晚期，浅海已成为菊石的天堂。浅海有数量众多的小动物，这是菊石取之不尽的食物来源，身躯庞大的菊石可以轻松捕食虾、蟹、腹足动物、腕足动物等。

进入白垩纪，菊石仍然是海洋中非常重要的生物群体，分布广泛且非常繁盛。

白垩纪早期，菊石的外壳主要为螺旋形；随着时间的推移，菊石逐渐演化出更加复杂的外壳结构，形成了各种各样的形态类型。白垩纪晚期，菊石的多样性达到了顶峰。它们的外壳形态变得更加复杂，出现了许多不同的形状和纹饰。此外，有一些菊石演化出了庞大的身躯，如螺旋菊石和角菊石，它们的外壳可以达到数米长。

然而，在白垩纪末的又一次生物大灭绝事件后，菊石与恐龙一起消失得无影无踪。

▶ 菊石为何如此丰富

中生代菊石之所以极其繁盛，主要是因为当时的海洋环境非常适宜它们生存和繁殖。

中生代是地球历史上生物繁荣的时期，海洋中的生物种类和数量都非常丰富，这为菊石的生存提供了充足的食物。另外，中生代的海水是比较温暖的，大陆板块也在不断分离，促使浅海面积越来越大，这也有助于菊石的生存和繁殖。

菊石的繁殖能力很强，它们主要通过性繁殖来繁衍后代。性繁殖是指菊石会产生卵子和精子，通过交配来繁殖后代，这是保持菊石多样性的一种重要途径。菊石如此强

不同形态的菊石

的繁殖能力也是它们能够繁盛的一个重要原因。

最后，中生代的大陆板块运动和海洋环流格局的变化，为菊石的迁徙、分布和演化提供了广阔的空间和机会。因此，结合当时的生物和海洋环境特征，菊石才能在全球范围内广泛分布，且形态、大小等都呈现出多样化，丰富了当时海洋生态系统的多样性。

▶ 菊石的时间标尺

菊石可以作为地质时间的标尺。通过对菊石化石进行研究，科学家可以确定不同地层的年代，从而了解地球历史上的演化过程。

具体来说，菊石在晚古生代和中生代占据了显著的地位，其化石形态变化可以很好地反映层序演化。菊石壳体的旋卷程度差异较大，大致可以分为松卷、触卷、外卷、半外卷、内卷和半内卷；壳体外形也多种多样，有薄板状、直杆状、圆形、环形等。这些形态差异对于了解地层特征、研究地质年代具有重要的指示作用。

在三叠纪和侏罗纪，菊石化石取代了以前的其他生物化石，成了地层中主要的化石组成部分。由于菊石繁殖能力强，加之菊石化石的特征较为明显，所以菊石在研究地质年代、古生态及生物演化等方面都有较为广泛的应用。

此外，菊石的演化速度也比较快，原因主要有两个：一是菊石具有较高的变异性，可以快速演化出新的形态和种类；二是菊石有着较短的世代时间和较高的繁殖速率，也加速了其演化的速度。

因为菊石演化速度快，同时菊石化石广泛分布在不同的地层中且化石特征都有所不同，因此菊石可以被作为地质时间的标尺。根据不同菊石种类在地层中的分布和出现顺序，就可以确定地层的相对时间和不同地层之间的对比关系，这是重要的地层对比和地质历史研究的工具。

▶ 菊石的灭绝

菊石在中生代极其繁盛，然而物极必反，菊石最终的命运再次验证了事物发展的规律。在白垩纪末，一场生物大灭绝事件再次上演！可惜的是，菊石并没有躲过这次大灭绝事件。伴随地球上大规模的火山喷发、气候变化、海洋酸化等因素，环境发生了显著的变化。这些变化直接影响了菊石等生物的生存和演化。菊石的数量和多样性在白

垩纪末逐渐减少，并开始走向衰落，其生态位逐渐被其他头足动物取代。

菊石灭绝的原因，可能与以下因素有关：第一，生存环境逐渐恶化。随着全球气候和海洋环境的变化，菊石的生存环境逐渐恶化，菊石的生存变得越来越艰难。第二，菊石对环境适应性差。虽然菊石的繁殖速度很快，但是它们对于环境变化的适应性较差，一旦环境发生变化，它们就很难适应。第三，食物链缺失。菊石是食物链上的消费者，一旦食物链中有一种或几种生物消失，就会对菊石的生存造成影响。

▶ 菊石不显眼的伙伴

鹦鹉螺与菊石是亲戚关系。鹦鹉螺早于菊石出现，曾是奥陶纪海洋中的霸主，但之后一直处于低迷的演化状态，并不像菊石那样在中生代引人注目。鹦鹉螺一直默默生活在较深的水体中，保持着相对平稳的演化。即便菊石在白垩纪末最终灭绝，鹦鹉螺仍然继续着它们的演化步伐，一直生活到今天。

鹦鹉螺

鹦鹉螺究竟有何"本事",能在风起云涌的演化舞台上,克服各种不利因素,一直延续至今呢?科学家通过研究,发现鹦鹉螺对于环境变化有较强的适应性且对食物链的依赖程度较低;另外,鹦鹉螺的生存空间和生活环境等也有利于它们在大灭绝事件中幸存下来。

鹦鹉螺和菊石生活在不同的环境中。菊石主要生活在浅海地区,而鹦鹉螺生活在深海区域。据研究,白垩纪末大灭绝事件中,几乎所有的浅海生物都受到了影响,而深海生物受到的影响相对较小。这是因为气候变化造成海平面下降,导致浅海地区生物的栖息地受到了严重破坏。

此外,鹦鹉螺具有比较强的适应能力。鹦鹉螺拥有强大的足肌和水管系统,能够在深海区域更好地适应强烈的水流和压力。另外,鹦鹉螺与其他深海生物共同形成了一个生态系统,它们之间相互依存、相互作用,从而能更有效地应对灾变事件。

白垩纪末的大灭绝事件是由多种因素共同作用而引发的,在这一事件后,一些物种幸存下来,而另一些物种消失了。尽管菊石在中生代繁荣一时,但就像所有生命一样,它们也不得不面对灭绝的命运,而一直在深海区域默默生活的鹦鹉螺却幸存下来了。

<<<<<

植物开花了

>>>>>

中生代在植物界号称"裸子植物时代"，各种裸子植物遍及全球各大陆，成为恐龙最好的"伴侣"。到白垩纪，被子植物开始兴起，这种真正的有花植物现在是地球上的优势植物。它们与昆虫共同构建了复杂的生态系统。

▶ 裸子植物繁盛

中生代最繁盛的植物是裸子植物。裸子植物包括松柏、水杉、银杏、苏铁等，它们具有裸露的种子，不像被子植物拥有花和果实，常生活于干旱、寒冷的环境中。

在中生代，裸子植物的演化经历了多个阶段。早期的裸子植物通常只有简单的叶和茎，例如始祖松，它们在侏罗纪演化出了针状叶片，这使得它们在干旱、寒冷的环境中可以更好地生活。随着时间的推移，中生代裸子植物逐渐演化出不同的类型和特征。例如，杉科植物和柏科植物的枝叶是互生的、具有茂密的树冠和平直的树干，这使得它们可以在极寒的高山环境中生活。另外，中生代裸子植物的生长速度是非常缓慢的，这与它们种子的发育周期长有关。

在中生代晚期，裸子植物的种类和形态又出现了较大的变化。例如，一些裸子植物的球果上形成了花状结构，类似于被子植物的花朵，这被称作"伪花"。这种结构的出现使得裸子植物的授粉和繁殖变得更加高效。

侏罗纪裸子植物

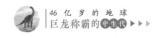
在中生代，最著名的裸子植物是银杏。银杏最早出现在约 2.7 亿年前，有扇形的叶子和坚硬的种子。银杏是通过种子的萌发和生长来完成繁殖的，具有很强的生命力，能够在极其恶劣的环境中生长。银杏有着非常悠久的存活时间，至今仍然存在于地球上，有"植物界活化石"之称。

苏铁是中生代另一个古老的裸子植物类群，它们在古生代的石炭纪就已经出现；到中生代的侏罗纪，苏铁已经成为植物界的"主宰"。苏铁虽然属于裸子植物，但它们的植株外貌与现代的其他裸子植物差异很大。苏铁的茎干一般不分枝，而以大型羽状叶集生于干的顶部，这在裸子植物中可谓别具一格。因此，苏铁在植物分类学上具有十分重要的地位。

中生代裸子植物的演化经历了漫长而复杂的过程。作为中生代最繁盛的植物，它们在地球历史上具有非常重要的地位和作用。中生代裸子植物的演化为陆地植物的多样性做出了重要贡献，与此同时，它们在现代陆地生态系统中也扮演着不可或缺的角色。

▶ 被子植物兴起

白垩纪是被子植物兴起的时期，也是地球历史上植物演化和生态系统发生变化的重要时期之一。在白垩纪，随着地球气候和环境的变化，被子植物逐渐成为当时植物界的主要植物。

被子植物主要分为两类：单子叶植物和双子叶植物。单子叶植物包括荷兰芹、水仙草等；双子叶植物包括玫瑰、桃树、橡树等。

在白垩纪，被子植物不仅在数量上超过了裸子植物，而且在形态、结构等方面也有了很大的进步和创新。它们的繁殖方式更加高效，适应性更强，能够在更广泛的生态空间中生存和繁衍。此外，由于白垩纪环境发生变化，如大陆分离、海平面上升等，也创造了更多的生态空间和生态位，为被子植物的快速演化提供了条件。其中一些重要的演化事件包括早期花冠的演化、双子叶植物的分化、草本植物的出现等。

有趣的是，白垩纪还出现了有花植物与蜜蜂之间的采蜜行为。因为被子植物种类繁多，形态多样，适应性强，为有花植物与蜜蜂之间的共存和演化创造了极为有利的条件。蜜蜂采集花粉和蜜汁为有花植物繁衍提供了重要的传粉方式，最早的化石证据可以追溯到 1.2 亿年前的白垩纪中期，科学家发现了花粉寄生在蜜蜂腿上的化石；随后在白垩纪晚期的化石中，科学家还发现了大量花粉与蜜蜂的关联证据。

白垩纪是被子植物重要的兴起时期，是植物界一个重要的演化分界点。被子植物的兴起不仅影响着当时的生态

白垩纪被子植物

系统和地球环境，而且对整个地球生物的演化历程和未来的发展趋势都产生了深远影响。

<<<<<

昆虫的演化

>>>>>

中生代是昆虫演化史上的关键时期。在这个时期里，昆虫从早期的原始形态逐渐发展、演化，迅速占据了地球上的各个生态系统。

中生代早期，地球环境正发生巨变，陆地上长出了蕨类和裸子植物。这一变化为昆虫提供了丰富的食物和栖息地。它们在这个时期快速繁殖并适应了新的环境。此外，许多现代昆虫的祖先也出现了，如蜜蜂、蚂蚁等。这些昆虫适应了陆地环境，并发展出了不同的生活方式和食性，且体形也变大了不少。

随着时间的推移，陆地植被进一步发展，森林覆盖了大片地区。这为昆虫提供了更为多样的生态位和更广阔的适应空间。中生代中期，昆虫的数量和多样性迅速增加，有鳞翅目、直翅目、半翅目等不同类型的昆虫。例如，蝴蝶和飞蛾开始出现，并进一步演化出各种亚科。另外，一些古代昆虫开始展现出社会性生活，比如蚂蚁和蜜蜂。这

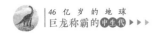

些昆虫逐渐演化出各种各样的特征和生活方式，形成了高度多样化的生态系统。

中生代末期，地球环境发生重大变化，生物界也出现了新的变革。随着被子植物兴起，打破了上亿年来昆虫和裸子植物建立起的互惠共存关系，为传粉昆虫和食叶昆虫带来了新的机遇和挑战，出现了一些具有突出特征的昆虫类群，如䗛蠊目昆虫、蚊蝇目昆虫等。与此同时，昆虫也开始适应更多不同的生态环境，如水生环境、高海拔环境等。这些昆虫在不同的生态系统中繁衍生息，推动了地球生态系统的演化。

中生代是巨龙时代，陆地霸主恐龙，天空霸主翼龙和海洋霸主鱼龙、蛇颈龙、沧龙等，开创了一个前所未有、空前绝后的爬行动物时代。然而，如此威风的巨龙家族却在白垩纪末生物大灭绝事件中黯然消失，退出了演化舞台。虽然大陆板块不断分离，海平面上升，形成了有利于巨龙多样化发展的环境，但持续的火山喷发极大地恶化了地球环境，影响了巨龙的繁殖能力；之后一颗小行星猛烈撞击地球成为压垮巨龙的最后一根稻草！从极盛走向灭绝，从称霸地球到销声匿迹，中生代的巨龙落下了演化帷幕。

有意思的是，哺乳动物、昆虫、鸟类等却熬过了白垩纪末大灭绝事件，延续了生命演化的历程，开创了生命史上新的辉煌！哺乳动物取代爬行动物，被子植物取代裸子植物，这种优势类群的更替不断推动着生物演化的浪潮向前发展！

后记

　　地球从诞生到现在已经 46 亿岁了。科学家通过研究，将地球 46 亿年的"成长"分成了不同的时期，如前寒武纪、古生代、中生代、新生代。在不同的时期，地球都上演了精彩纷呈的演化剧目。而我们作为地球的一份子，理应去探索地球曾经发生的那些故事。

　　《46 亿岁的地球·巨龙称霸的中生代》一书讲述了中生代地球的生命演化史，那是巨龙时代，虽然早已淹没在历史的尘埃中，却留下了难以计数的巨龙化石。每年世界各地都有新的巨龙化石被发现，这为研究巨龙提供了源源不断的素材，也为本书创作增添了一个个新的知识点。通过阅读本书，青少年可以及时了解这些新知识、新成果，感受巨龙的魅力，激发兴趣，为未来迈入探索科学的行列奠定一定的基础。

本书介绍了大量重要的科学假说，相关内容参考了许多文献资料，如《Arctic ice and the ecological rise of the dinosaurs》《A New Jurassic Scansoriopterygid and the Loss of Membranous Wings in Theropod Dinosaurs》《辽翼龙动物群》《46亿年的奇迹：地球简史》等，在此向这些论著的作者表示深深的感谢。因此，这本书相较于以往类似的科普读物有了更多的时代感和科学亮点。

《46亿岁的地球·巨龙称霸的中生代》是一本面向青少年的科普读物，图文并茂，生动有趣。本书结合青少年的特点，参考了相关科学论文中的插图。在此基础上，由专业的绘画师有针对性地进行参考和绘制。我们对涉及的这些插图的原著者表示深深感谢。

我希望青少年读者能够仔细品读这本书，去了解我们生活的地球曾经发生的波澜壮阔的生命演化故事。